微生物学实验指导

主　编　李华钟　段作营
参　编　曹　钰　徐美娟

科学出版社
北　京

内 容 简 介

本书作为微生物学实验课的教学指导书，综合考虑微生物学实验课的课程目标和课时情况，精选22个实验，涵盖微生物形态观察、分离与培养、生理生化和遗传育种等微生物学基本实验技术。本书力求在培养学生动手能力的同时，培养学生自主学习、独立思考及运用知识的能力，为此设置了一些设计型实验，并在每个实验后设置了思考题和延伸学习内容。为了使学生掌握规范的微生物学实验操作，本书以提示框的形式专门对实验过程中的操作规范和注意事项进行了详细说明。

本书可作为生物科学、生物工程、生物技术、酿酒工程等专业本科微生物学实验课程和微生物遗传育种实验课程的教学指导书，也可以供其他相关专业的本科生、研究生和教师参考。

图书在版编目（CIP）数据

微生物学实验指导/李华钟，段作营主编. —北京：科学出版社，2024.4
ISBN 978-7-03-077819-2

Ⅰ.①微…　Ⅱ.①李…　②段…　Ⅲ.①微生物学-实验-高等学校-教材　Ⅳ.①Q93

中国国家版本馆 CIP 数据核字（2024）第 021675 号

责任编辑：席　慧/责任校对：严　娜
责任印制：赵　博/封面设计：无极书装

科学出版社 出版
北京东黄城根北街 16 号
邮政编码：100717
http://www.sciencep.com
北京富资园科技发展有限公司印刷
科学出版社发行　各地新华书店经销

*

2024年4月第　一　版　　开本：720×1000　1/16
2025年8月第三次印刷　　印张：7 1/4
字数：151 000

定价：29.80 元
（如有印装质量问题，我社负责调换）

前言

微生物学是一门实践性很强的学科，微生物学实验技术是微生物学重要的组成部分。在大多数高等院校，微生物学实验课程已成为生物科学、生物工程、生物技术等相关专业本科生的专业核心实验课程。

微生物学实验课的主要教学目标包括：加深对微生物学理论教学内容的理解和感性认识；掌握微生物学研究的基本方法和微生物学实验的基本操作和基本技能；综合培养学生的科学素养和能力。基于此，本书在编写过程中主要体现以下特色。

（1）精选实验内容。综合考虑课程教学目标和课时情况，本书在涵盖微生物学基本实验技术的基础上，对实验内容进行精选，不求成为微生物学实验技术的百科全书，而是定位于微生物学实验课程的教学指导书。

（2）强调操作规范。规范的操作不仅保障实验结果可靠可信，也是实验室安全和学生个人安全的重要保障。因此，在编写过程中，对于大多数实验操作步骤，本书专门以提示框的形式，对操作规范和注意事项进行了详细的说明。这不仅能帮助学生掌握规范的微生物学实验操作技术，也有助于培养学生严谨认真、一丝不苟的实验态度。

（3）重视素质培养。为了培养学生自主学习能力和分析解决问题的能力，本书不仅在每个实验后设置了思考题和延伸学习内容，还专门设置了设计型实验。为了培养学生的团结协作意识、组织协调和自我管理能力，本书专门设置了一些分组实验。为了增强实验课程的趣味性，培养学生的文化艺术素养，本书还专门设置了平板菌落绘画实验，将思政教育融入实验课程教学过程中，提高学生的综合素质。

本书在使用过程中，还可以将其中一些实验组合在一起，形成综合实验。例如，可以将培养基制备与灭菌、平板菌落计数和水中大肠菌群数测定3个实验组合在一起，组成"水的卫生细菌学"综合实验；将细菌质粒DNA小量制备、电泳检测与细菌感受态制备与转化实验进行组合，形成细菌基因工程育种综合实验。

本书由江南大学生物工程学院微生物学教学中心的李华钟、段作营、曹钰和徐美娟4位教师负责编写，李华钟教授和段作营副教授担任主编。江南大学生物工程学院微生物学教学中心和实验教学平台微生物学实验室的各位老师在课件和图片制作中给予了大力支持，科学出版社的编辑为本书的出版做了大量工作，在此一并表示衷心感谢。同时，真诚希望各位同行和同学们对本书使用过程中发现的待改进之处提出宝贵意见。

编 者

2024年3月

微生物学实验管理规定

一、安全卫生管理要求

1. 师生必须穿符合规范的实验服方可进入实验室参与微生物学实验教学。
2. 不允许将与微生物学实验无关的物品,尤其是食物、饮用水、饮料等,带入微生物学实验室,更不得在实验室进食食物、饮料等。
3. 在使用实验设备前,请首先阅读设备说明书。在教师未讲解或未掌握设备使用方法、操作规范及注意事项时,不得随意使用实验设备,尤其是高压蒸汽灭菌锅等压力容器。
4. 在实验过程中严格按照操作规范进行实验,牢记安全第一原则。如遇火险,应第一时间切断火源,并用湿布、沙土等合适方法进行灭火,如需要可以使用实验室配备的灭火器。
5. 实验开始前及实验结束后,请用洗手液进行洗手,做好个人卫生工作。在实验过程中,如有需要,请按实验要求佩戴手套。
6. 实验结束后,请做好实验室清洁卫生工作。
7. 未经指导教师和实验室管理人员允许,不得将微生物学实验室的微生物菌种和实验材料带出实验室。
8. 遵守实验室其他安全与卫生管理规定,如遇到安全问题,请及时向任课教师或实验室管理人员汇报,消除安全隐患。

二、学习要求

1. 实验前要结合教材、教学网站、教学录像等教学资源认真预习,了解实验的目的、原理、步骤、操作规范及注意事项等内容。
2. 实验过程中要严格按照任课教师讲授的操作规范开展实验,认真体会操作规范的科学原理。
3. 实验过程中要仔细观察,善于发现问题,培养分析和解决问题的能力。
4. 以科学态度对待实验结果,不得修改或伪造实验结果。
5. 及时完成并提交实验报告,并对实验教学过程进行分析、反思和总结。

目录

前言
微生物学实验管理规定
实验一　光学显微镜的构造与使用方法 ··· 1
实验二　酵母菌的形态观察及死/活细胞的染色鉴别 ··························· 8
实验三　细菌的简单染色与形态观察 ·· 12
实验四　细菌的革兰氏染色 ·· 16
实验五　细菌的芽孢染色 ··· 20
实验六　放线菌的形态观察 ·· 23
实验七　霉菌的形态观察 ··· 26
实验八　酵母菌细胞总数的测定 ·· 30
实验九　酵母菌细胞大小的测定 ·· 34
实验十　培养基的制备与灭菌 ·· 39
实验十一　平板菌落计数法 ··· 49
实验十二　水中大肠菌群数的测定 ··· 53
实验十三　酵母菌对糖类的发酵和对氮源的利用 ······························ 58
实验十四　细菌的生理生化反应 ·· 61
实验十五　细菌噬菌体的分离纯化与效价测定 ································· 63
实验十六　特定样品中目的微生物的分离纯化 ································· 68
实验十七　平板菌落绘画 ··· 72
实验十八　紫外诱变技术及细菌抗药性突变株的筛选 ······················· 74
实验十九　酵母菌原生质体的制备与再生 ·· 79
实验二十　质粒 DNA 的小量制备及电泳检测 ·································· 82
实验二十一　大肠杆菌的转化实验 ··· 90
实验二十二　CRISPR 基因编辑技术敲除大肠杆菌基因 ···················· 94
附录一　无菌操作规范 ·· 103
附录二　微生物学实验常用培养基 ··· 108

教学课件索取单

凡使用本书作为教材的高校主讲教师,可获赠教学课件一份。欢迎通过以下两种方式之一与我们联系。

1. 关注微信公众号"科学EDU",注册后索取教学课件
关注→"教学服务"→"课件申请"

2. 填写教学课件索取单,拍照发送至联系人邮箱

科学EDU

姓名:	职称:	职务:
学校:	院系:	
电话:	QQ:	
电子邮箱(重要):		
所授课程1:		学生数:
课程对象:□研究生 □本科(年级)□其他		授课专业:
所授课程2:		学生数:
课程对象:□研究生 □本科(年级)□其他		授课专业:
使用教材名称/作者/出版社:		

联系人:刘丹　　咨询电话:010-64004576　　回执邮箱:liudan@mail.sciencep.com

实验一
光学显微镜的构造与使用方法

一、目的要求

1）了解光学显微镜的构造、性能及成像原理。
2）掌握光学显微镜的正确使用及维护方法。

二、实验材料

1）显微镜、绸布、香柏油、二甲苯、擦镜纸等。
2）酵母菌和细菌标本片等。

三、实验原理

微生物最显著的特点就是个体微小，肉眼无法直接观察，必须借助显微镜才能观察到它们的个体形态和细胞结构。显微观察技术是微生物学最基本的技术手段，因此，了解显微镜的构造及成像原理，并掌握其使用操作方法是微生物学实验的必备内容。

显微镜可分为电子显微镜和光学显微镜两大类。光学显微镜包括明视野显微镜、暗视野显微镜、相差显微镜、偏光显微镜、荧光显微镜等。其中，明视野显微镜是最为常用的光学显微镜，其他显微镜都是在此基础上发展而来的，基本结构相同，只是在某些部分做了一些改变。一般无特别说明，显微镜即是指明视野光学显微镜，本次实验和后续实验中所使用的都是明视野显微镜。

（一）显微镜的构造

光学显微镜的构造可以分为机械系统和光学系统两大部分（图1-1）。

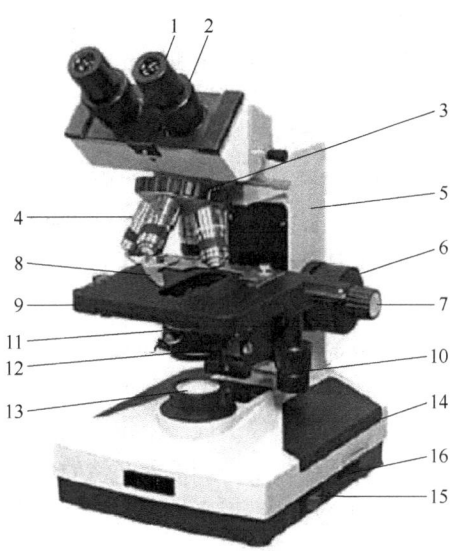

图1-1 光学显微镜的构造

1. 接目镜；2. 镜筒；3. 物镜转换器；4. 物镜；5. 镜臂；6. 粗调焦钮；7. 细调焦钮；8. 标本夹；9. 载物台；10. 标本移动钮；11. 聚光器；12. 虹彩光圈；13. 内光源；14. 镜座；15. 电源开关；16. 光亮调节钮

1. 机械系统

（1）镜座　　镜座位于显微镜底部，呈长方形、马蹄形或三角形等形状，用于稳定显微镜。

（2）镜臂　　镜臂是连接镜座和镜筒之间的部分，一般呈直柱状或圆弧形，是移动显微镜时的握持部位。

（3）镜筒　　镜筒位于镜臂上端的空心圆筒，是光线的通道。镜筒上端可插入接目镜，下面则与转换器相连接。镜筒的长度一般为 160 mm。显微镜按镜筒形状可分为直筒式和斜筒式；而按镜筒数量又可分为单筒式和双筒式。

（4）转换器　　转换器是位于镜筒下端的一个可旋转圆盘，一般在圆盘上有 3 或 4 个螺孔，用于安装不同放大倍数的接物镜。转换器的作用是在使用显微镜时将不同的接物镜转入光路。

（5）载物台　　载物台是与镜臂连接并位于接物镜下方的方形或圆形平台，用于放置和固定被检标本片。在其中央有条形孔用于透过光线，台上有用来固定标本片的标本夹，而在其下方有用来调节标本位置的标本片移动钮。

（6）调焦旋钮　　调焦旋钮是调节载物台上下移动的装置，包括粗调焦钮和细调焦钮，通过调节载物台上下移动，改变标本片与接物镜之间的距离，达到调节图像清晰度的目的。

2. 光学系统

（1）接物镜　　简称物镜，是显微镜中最重要的光学元件，由多组透镜组成。其作用是将待检标本上的样品进行放大，形成一个倒立的实像。它决定了显微镜的放大倍数和分辨力。一般光学显微镜上配有 3 或 4 种物镜，根据光学介质的差异分为干燥系和油浸系两组。干燥系物镜包括低倍物镜（10×）和高倍物镜（40×），使用时物镜与标本之间的介质是空气；而在使用油浸系物镜（100×）时，物镜与标本之间需要滴加一种折射率与玻璃折射率几乎相等的油类物质（香柏油）作为介质。

（2）接目镜　　通常称为目镜，一般由 2 或 3 块透镜组成。其功能是将物镜所形成的实像进一步进行放大，并最终形成一个倒立的虚像而映入眼帘。一般显微镜的标准目镜是 10× 或 15× 的。

（3）聚光镜　　聚光镜位于载物台的下方，由两个或几个透镜组成，其作用是将由光源来的光线聚成一个锥形光柱而照射在标本上。通过位于载物台下方的聚光镜调节旋钮可以上下调节聚光镜的位置，从而调节视野中的光亮度。聚光器还附有虹彩光圈，调节锥形光柱的角度和大小，以控制进入物镜的光的量。

（4）光源　　现在的光学显微镜一般采用内光源。内光源装在底座内，并在底座右侧配备有内光源开关和光亮度调节钮，用来调节进入显微镜的光亮度。早期的光学显微镜也有采用日光或白炽灯光等外部光源的（以日光较好，其光色和光强都比较容易控制），这时需要在底座上安装一个反光镜。反光镜一面是平面，另一面是凹面，起着把外来光线变成平行光线进入聚光镜的作用。

（二）显微镜的成像原理

显微镜的放大作用是由物镜和目镜共同完成的。标本经物镜放大后，在目镜的焦平面上形成一个倒立的实像，再经目镜的进一步放大形成一个放大的倒立虚像，从而被人的眼睛所观察到（图1-2）。

（三）显微镜的性能

1. 分辨力和数值孔径

衡量显微镜性能好坏的指标主要是显微镜的分辨力（resolving power）。显微镜的分辨力是指显微镜将样品上相互接近的两点清晰分辨出来的能

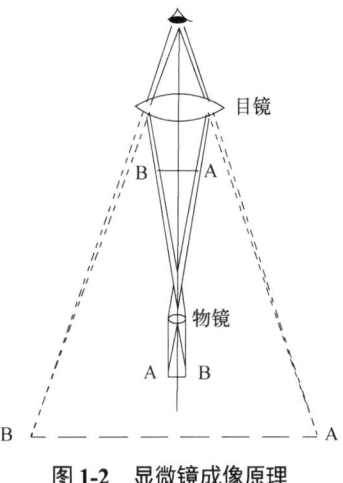

图 1-2　显微镜成像原理

力，一般用显微镜光学系统所能分辨出的两点间的最小距离表示，距离越小，分辨能力越好。光学显微镜的分辨力主要取决于物镜的分辨力，而后者是所用光线的波长和物镜数值孔径的函数。物镜镜头分辨力可用公式表示：

$$D=\frac{1}{2}\frac{\lambda}{NA}$$

式中，D 为分辨力；λ 为观察时所用光线的波长；NA 为物镜的数值孔径（numerical aperture），表示从聚光镜发出的锥形光柱照射在观察标本上能被物镜所聚集的量。可用公式表示：

$$NA = n \sin\theta$$

式中，n 为标本和物镜之间介质的折射率；θ 为由光源投射到透镜上的光线和光轴之间的最大夹角。

光线投射到物镜的角度越大，数值孔径就越大。如果采用一些高折射率的物质作为介质，如使用油浸镜时采用香柏油作为介质，则数值孔径增大，从而提高分辨能力。物镜镜筒上通常标有数值孔径，低倍镜（10×）为 0.25，高倍镜（40×）为 0.65，油浸镜（100×）为 1.25。这些数值是在其他条件都适宜的情况下的最高值，实际使用时，往往低于所标的值。

2. 放大倍数、焦距和工作距离

显微镜的放大倍数是指经显微镜光学系统放大后我们肉眼所看到的物像的大小与标本实际大小之间的比值，它是显微镜的物镜和目镜放大倍数的乘积。需要注意的是，这个比值指的是长度的比值而不是面积的比值。放大倍数一样时，由于目镜和物镜搭配不同，其分辨力也不同。一般来说，增加放大倍数应该是尽量用放大倍数高的物镜。物镜的放大倍数越大，焦距越短，物镜和样品之间的距离（工作距离）便越短。一般低倍镜（10×）的有效工作距离约为 6.5 mm，而高倍镜（40×）的有效工作距离约为 0.48 mm。

> **小知识**——光学显微镜物镜的标识及其意义
>
> 在光学显微镜的物镜上一般有两排标识（图1-3）。其中上面一排的两个数字（10/0.25）分别代表物镜的放大倍数和数值孔径（在油浸镜数值孔径1.25后往往有油浸镜标识OIL）；下面一排数字（160/0.17）分别代表镜筒长度和所需盖玻片厚度（单位均为mm）。此外，一般物镜上会刻有不同颜色的色圈来区分它们的放大倍数。例如，用黄色标识低倍镜（10×）、蓝色标识高倍镜（40×），白色标识油浸镜。

图1-3　光学显微镜的物镜及其标识

四、实验操作步骤

1. 显微镜的安装

从储放显微镜的柜子中取出显微镜，放置于平整的实验台上，镜座距实验台边缘5～10 cm。镜检时姿势要端正。

> **操作规范与注意事项**
>
> 取放显微镜时应一手握住镜臂、一手托住镜座，置于胸前，使显微镜保持直立、平稳。切勿单手拎提显微镜并前后摇摆，以免损伤目镜或物镜。

2. 接通电源并调节光亮

接通电源，并打开位于镜座右侧的电源开关。采用白炽灯为光源时，应在聚光镜下加一蓝色的滤色片，除去黄光。

接通电源后，根据所用物镜的放大倍数，调节光亮度调节钮、聚光镜位置以及虹彩光圈的大小，对进入显微镜的光亮度进行调节，使视野内的光线均匀、亮度适宜。

⚠ 操作规范与注意事项

在打开电源开关前,要确保光亮调节钮已经调至最小位置,这样可以避免电源开关对内光源灯泡的瞬间电流冲击,从而保护小灯泡。一般要求在前一次使用完显微镜,关闭电源前应将其调至最小,但每次使用时仍建议进行检查。

3. 显微镜检观察

一般情况下,对于初学者,进行显微观察时应遵从低倍镜到高倍镜再到油浸镜的观察程序,这是因为低倍镜放大倍数低,观察视野较大,易发现待观察的目标及确定需要观察的位置。

(1)低倍镜观察 将做好的酵母菌标本片固定在载物台上,调节标本片移动钮使观察对象处在物镜正下方。旋转物镜转换器,将低倍镜(10×)调至光路中央。旋转粗调焦钮将载物台升起,从侧面注视,小心调节,使物镜接近标本片。然后用目镜观察,同时缓慢旋转粗调焦钮,使载物台慢慢下降,直至标本在视野中初步聚焦,呈现出图像。再使用细调节钮小心调节,直至图像清晰。通过标本片移动钮,上下或左右慢慢移动标本片,认真观察标本各部位,找到合适的观察对象,仔细观察并记录所观察的结果。

⚠ 操作规范与注意事项

调焦时只应降载物台,以免一时的误操作而损坏镜头。调节粗调焦钮时,不要太快,以免错过聚焦面。如果超出物镜工作距离仍未观察到图像,则重新进行上述调焦操作,不可直接边观察边反向旋转粗调焦钮(升载物台)。目前大多数光学显微镜有调焦保护距离,在使用低倍镜时,一般不会出现物镜与标本片直接接触的情况,但在使用高倍镜和油浸镜观察时必须注意这一点。

无论使用单筒显微镜,还是双筒显微镜,均应双眼同时睁开观察,以减少眼睛的疲劳,也便于边观察边绘图记录。

(2)高倍镜观察 在低倍镜下找到合适的观察目标并将其移至视野中心,轻轻转动物镜转换器,将高倍镜(40×)转动到光路中。适当调节光亮度调节钮、聚光镜位置或虹彩光圈的大小,将视野调节到合适亮度,缓缓转动细调焦钮,直至物像清晰,仔细观察并记录。

⚠ 操作规范与注意事项

一般光学显微镜不同物镜都进行了同焦平面处理,转换物镜后,只要微调细调焦钮即可使物像清晰。如果高倍镜和低倍镜不同焦,则需要按照上述低倍镜的调焦方法重新调节焦距。因为高倍镜工作距离比较短,此时应严加注意只可以降载物台,切勿反向调节。

（3）油浸镜观察　　将做好的细菌染色标本片固定在载物台上，移动标本片移动钮使观察对象处在物镜的正下方。在低倍镜或高倍镜下找到要观察的样品区域，用粗调焦钮先降载物台，在待观察的样品区域加一滴香柏油。然后将油浸镜（100×）转入到光路中，从侧面注视，用粗调焦钮将载物台小心地上升，使油浸镜浸在香柏油中，并几乎与标本片相接。将光亮度调节钮开至最大，聚光镜升至最高位置并开足光圈。慢慢地用细调焦钮降载物台至视野中出现清晰图像为止，仔细观察并作记录。

> ⚠ **操作规范与注意事项**
>
> 使用油浸镜观察时，加香柏油前一定要确保标本片是干燥的。加香柏油时注意不要有气泡。如果有少许气泡，反复旋转转换器使油浸镜进出香柏油数次，可消除气泡。
>
> 因为油浸镜工作距离更短，用粗调焦钮将载物台上升时一定要特别小心，整个过程必须一直从侧面注视，仔细观察。使用细调焦钮进行调焦时，要牢记只可降载物台，切勿反向调节，以免压碎标本片，损伤油浸镜头。如果因为细调节速度过快而未能观察到清晰图像，一定要按上述步骤重新进行调节。
>
> 在使用油浸镜观察过程中，如果中间需要制作其他标本片，可以将油浸镜浸入在原标本片的香柏油中，并将光亮度调节钮调节至最小或关闭光源。不可使油浸镜镜头长时间暴露在空气中，造成香柏油在油浸镜表面干燥，给后续维护带来困难。
>
> 标本片加香柏油后，尽量不要再用高倍镜或低倍镜观察，以免镜头沾上香柏油。若因误操作造成这种现象，要按照下述擦拭油浸镜的方法及时擦拭高倍镜或低倍镜镜头。

4. 显微镜的维护

1）观察结束，降载物台取下标本片，光亮度调节旋钮关至最小，关闭电源开关并拔下电源。

2）用擦镜纸分别擦拭物镜和目镜。如果使用的是油浸镜，则需要先用一片擦镜纸拭去镜头上的油，然后用另一片擦镜纸蘸取少许二甲苯擦去镜头上残留的油迹，最后再用干净的擦镜纸擦去残留的二甲苯。

3）用专用绸布分别擦拭显微镜的机械部件。

4）将各部分还原，将物镜转成"八"字形（所有物镜均退出工作位置），同时把聚光镜降至最低，以免物镜和聚光镜发生碰撞。

5）将电源线收拾好后，用专用的罩布罩好显微镜，把显微镜放回原处。

⚠ 操作规范与注意事项

观察完毕后，要先将光亮度调节钮调节到最小再关闭电源开关，而关闭电源后才可以拔下电源插头。这样可以避免开关电源对内光源灯泡的瞬间电流冲击，从而保护小灯泡，延长其使用寿命。

擦拭物镜时，一定要使用擦镜纸，注意切不可用吸水纸或其他纸张擦拭物镜或目镜镜头，以免在镜头表面形成划痕。

油浸镜镜头表面的香柏油是否擦拭干净的检查方法：擦拭结束约 1 min 后，取干净的擦镜纸擦拭油浸镜镜头，应感觉十分滑爽。若感觉滞涩，表示镜头表面的香柏油未完全擦拭干净，应重新用干净擦镜纸蘸取二甲苯擦拭，并用干净擦镜纸擦去残留二甲苯。

五、实验内容与实验报告

1）对照实物，熟悉显微镜的构造。

2）按显微镜的使用方法，分别用低倍镜和高倍镜对酵母菌标本片进行观察，并对观察结果进行绘图或拍照。

3）按显微镜的使用方法，分别用低倍镜和油浸镜对细菌染色标本片进行观察，并对观察结果进行绘图或拍照。

六、思考题

1）根据你的使用经验，哪种物镜的工作距离最短？
2）有哪些部件可以调节视野中光的强弱？
3）有哪些方法可以提高显微镜的分辨力？
4）为什么在用高倍镜和油浸镜观察标本之前一般要先用低倍镜进行观察？

七、延伸学习

查阅资料，了解相差显微镜、暗视野显微镜、荧光显微镜、共聚焦显微镜等其他光学显微镜的工作原理、使用方法及应用。

实验二
酵母菌的形态观察及死/活细胞的染色鉴别

一、目的要求

1) 进一步学习并掌握光学显微镜低倍镜和高倍镜的使用方法。
2) 学习并掌握水浸片制作方法及酵母菌的个体形态观察方法。
3) 学习并掌握鉴别酵母菌死/活细胞的方法。
4) 了解酵母菌子囊孢子的染色方法及假菌丝观察的压片培养法。

二、实验材料

（1）菌种　　酿酒酵母（*Saccharomyces cerevisiae*）、热带假丝酵母（*Candida tropicalis*）、粟酒裂殖酵母（*Schizosaccharomyces pombe*）、球拟酵母属（*Torulopsis* sp.）。
（2）染色液　　0.1%美蓝染色液、孔雀绿染色液、番红染色液、95%乙醇等。
（3）培养基　　麦芽汁琼脂培养基、酵母菌生孢子培养基（醋酸钠培养基）。
（4）其他　　吸管、显微镜、载玻片、盖玻片、擦镜纸、吸水纸等。

三、实验原理

酵母菌是一类以出芽生殖为主的单细胞真核微生物，其菌体细胞呈圆形、卵圆形、圆筒形、柠檬形、三角形及瓶形等。细胞大小为（1～5）μm×（5～30）μm，比常见的细菌大几倍甚至几十倍。因此，不必染色即可用光学显微镜在低倍镜或高倍镜下观察其菌体形态。

大多数酵母菌以出芽方式进行无性繁殖，部分酵母菌则通过二分裂殖进行无性繁殖。有些出芽生殖的酵母菌，在出芽后形成的子细胞尚未与母细胞分离便又长出新芽，从而形成假菌丝。酵母菌是否可以形成假菌丝，以及假菌丝的形状与酵母菌细胞形态一样，都可以作为酵母菌分类的重要依据。属于子囊菌纲的一些酵母菌，在一定生理条件下，可以通过产生子囊孢子的方式进行有性生殖。对于这些酵母菌而言，子囊及子囊孢子的形状也是它们的主要分类依据之一。

美蓝（亚甲基蓝）是一种弱氧化剂，氧化态呈蓝色，还原态无色。用美蓝对酵母菌细胞进行染色时，活细胞由于细胞的新陈代谢作用，细胞内具有较强的还原能力，能将美蓝由蓝色的氧化态转变为无色的还原态，从而细胞呈无色；而死细胞或代谢作用微弱的衰老细胞，则由于细胞内还原力较弱而不具备这种能力，从而细胞呈蓝色。据此可对酵母菌的死/活细胞进行鉴别。

四、实验操作步骤

1. 水浸片观察

（1）制片　　在干净的载玻片中央加一滴预先稀释至适宜浓度的酵母菌悬液，从侧面盖上一片盖玻片，并用吸水纸小心地吸去多余的水分。

> ⚠ 操作规范与注意事项
>
> 　　菌液不宜过多或过少，否则，在盖盖玻片时，菌液会溢出或出现气泡而影响观察。
> 　　盖玻片不宜水平放下，先将盖玻片倾斜，一边与菌液接触，然后慢慢将盖玻片放下使其盖在菌液上，以免产生气泡。

（2）镜检　　将制作的水浸片置于显微镜的载物台上，先用低倍镜，后用高倍镜进行观察，注意观察各种酵母的细胞形态和繁殖方式，并进行记录。

2. 美蓝染色

（1）染色　　在干净的载玻片中央加一滴 0.1%美蓝染色液，然后再加一滴预先稀释至适宜浓度的酿酒酵母液体培养物，混匀后从侧面盖上盖玻片，并吸去多余的水分和染色液。

> ⚠ 操作规范与注意事项
>
> 　　染色液和菌液不宜过多或过少，二者应基本等量，即美蓝染色液的终浓度约为 0.05%，而且要将两者混匀。也可用微量移液管分别吸取等体积的酵母菌悬液和美蓝染色液至小离心管中，混匀后取一滴混合液滴加在干净的载玻片上，按上述水浸片方法制成染色标本片。
> 　　染色标本片制作好后，应放置几分钟再进行镜检，并且整个镜检时间不宜过久。若放置时间过短，由于美蓝染色液与细胞内还原力之间反应时间不足，可能导致活细胞不能将美蓝完全还原，从而被染成蓝色。而时间过长，则可能导致活细胞中还原力逐渐被耗尽，从而不能与多余的美蓝反应，也会被染成蓝色，从而无法准确判断酵母细胞的死活。

（2）镜检　　将制好的染色片置于显微镜的载物台上，放置 3～5 min 后进行镜检，先用低倍镜，再用高倍镜进行观察，根据细胞颜色区分死细胞（蓝色）和活细胞（无色），并记录观察结果。

（3）比较　　染色约 30 min 后再次进行观察，注意蓝色细胞数量（或比例）是否有明显变化。

3. 子囊孢子的染色与观察

（1）活化酵母　　将酿酒酵母移种至新鲜的麦芽汁琼脂培养基上，28℃培养24 h，转接2或3次。

（2）生孢培养　　将活化的菌种转移到醋酸钠培养基上，28℃培养7～10 d。

（3）制片　　在洁净载玻片的中央滴一小滴蒸馏水，用接种环于无菌条件下挑取少许产孢培养物至水滴中，涂布均匀，自然风干后在酒精灯火焰上热固定。

> ⚠ **操作规范与注意事项**
>
> 　　活化接种及取菌操作严格按照无菌操作规范进行，养成无菌操作习惯。酵母菌在特定培养条件下才会进行有性生殖产生子囊孢子，因此，若要观察子囊孢子，要在专门的酵母生孢培养基（醋酸钠培养基）上进行培养。
> 　　制片时水和菌均不要太多，涂布时应尽量涂开，否则将造成干燥时间长。
> 　　热固定温度不宜太高，以免使菌体变形。在热固定过程中，可以将载玻片放在手背上试温，以微热而不烫手为宜。
> 　　不建议将干燥与热固定合二为一，因为在含水量较高的情况下进行加热，更容易造成菌体变形。

（4）染色　　滴加数滴孔雀绿染色液，1 min后水洗；加95%乙醇脱色30 s，水洗；再用番红染色液复染1 min，水洗，最后用吸水纸吸干。

（5）镜检　　将染色片置于显微镜的载物台上，先用低倍镜，后用高倍镜进行观察，子囊孢子呈绿色，菌体和子囊呈粉红色。注意观察子囊的形状及每个子囊中子囊孢子的数目，并进行记录。

4. 假菌丝的压片观察

（1）压片培养　　取新鲜的酵母菌在麦芽汁琼脂培养基平板上划线接种2或3条，用灭菌镊子取无菌盖玻片盖在接种线上，于25～28℃培养4～5 d。

（2）镜检　　打开皿盖，置于显微镜下直接观察划线的两侧所形成的假菌丝的形状。

> ⚠ **操作规范与注意事项**
>
> 　　所用盖玻片需要预先灭菌。
> 　　划线接种及加盖盖玻片的操作要严格按照无菌操作规范进行，以免污染杂菌。

五、实验内容与实验报告

1）对所给酵母菌进行水浸片制片并观察其形态，绘制各种酵母菌的细胞形态图，注明菌名与放大倍数。

2）对所给酿酒酵母液体培养物采用美蓝染色法进行死/活细胞鉴定，并图示美蓝染色结果。

3）观察假菌丝和子囊孢子的示范标本片，并图示观察结果。

六、思考题

1）用美蓝染色法对酵母菌细胞进行死活鉴别时为什么要控制染液的浓度和染色时间？

2）观察酵母菌子囊孢子时为什么要进行生孢培养？生孢培养基有何特点？

七、延伸学习

了解其他酵母菌的细胞形态及结构。

《实验 三》
细菌的简单染色与形态观察

一、目的要求

1）了解并掌握细菌涂片制片方法及细菌简单染色的原理与操作步骤。
2）进一步学习并掌握光学显微镜油浸镜的使用方法。
3）了解常见细菌细胞的基本形态，巩固课堂知识，增加感性认识。

二、实验材料

（1）菌种　　枯草芽孢杆菌（*Bacillus subtilis*）、大肠杆菌（*Escherichia coli*）、金黄色葡萄球菌（*Staphylococcus aureus*）、北京棒杆菌（*Corynebacterium pekinense*）、四联球菌（*Micrococcus tetragenus*）。
（2）染液　　结晶紫染色液。
（3）其他　　显微镜、载玻片、接种环、酒精灯、无菌水、香柏油、二甲苯、擦镜纸、吸水纸等。

三、实验原理

细菌是一类单细胞原核微生物，通常具有一定的基本形态并保持相对恒定，因此，细菌的菌体形态是细菌分类的重要特征之一。按照其基本形态，细菌可以分为球菌、杆菌和螺旋菌 3 大类。其中，球菌按照其排列方式又可分为单球菌、双球菌、四联球菌、八叠球菌、链球菌和葡萄球菌等；而杆菌根据其菌体细胞的长宽比、端部形态及排列方式又可分为短杆菌、棒杆菌和链杆菌等。

染色是细菌学最为重要的基本技术之一。细菌细胞小而且含水量高，细胞基本透明，因此，当把细菌涂布在载玻片上制作成涂片或悬浮于水中制作成水浸片，用光学显微镜进行观察时，菌体细胞和背景之间往往缺乏显著的明暗差对比，因而难以观察它们的形态，更无法识别其细胞结构。为了更清楚地观察到细菌的形状及其细胞结构，在用普通光学显微镜观察细菌细胞形态或细胞结构时，通常需要先对细菌细胞或其特定细胞结构进行染色。借助于细菌细胞或其细胞结构对某些特定染料

实验三 细菌的简单染色与形态观察

的吸附作用而增大视野中细胞或其结构与背景之间的明暗反差，从而有利于对其进行镜检观察。

用于微生物染色的染料是一类苯环上带有发色基团和助色基团的有机化合物。发色基团赋予化合物颜色特征，助色基团则给予化合物能够成盐的性质。染料通常都是盐，分酸性染料和碱性染料两大类。酸性染料离子带负电荷，碱性染料离子则带正电荷。在微生物染色中，碱性染料更为常用，微生物染色中比较常用的一些染料，如美蓝、结晶紫、碱性复红、沙黄、孔雀绿等，都属于碱性染料。

简单染色是利用单一染料对细菌进行染色的一种方法。此法操作简便，适于观察细菌的一般形态和排列方式。通常情况下，常用碱性染料对细菌细胞进行简单染色，这是因为在大多数培养条件下，培养液为中性、弱碱性或弱酸性溶液，细菌细胞通常带负电荷，更易于与带正电荷的碱性染料离子结合而被染色。

四、实验操作步骤

（1）涂片　　在洁净无脂的载玻片中央滴一小滴蒸馏水，用接种环在无菌操作状态下从所给细菌斜面培养物上挑取少许菌苔于水滴中，混匀并涂成薄膜，涂布面积 1~1.5 cm^2。

（2）干燥与热固定　　将涂片置于室温下自然风干。然后，手执载玻片一端，使涂菌一面向上，在酒精灯火焰上方来回通过 2 或 3 次，进行热固定。热固定的目的是使细菌细胞质凝固，固定细胞形态，并使细菌细胞牢固附着于载玻片上。

> ⚠ **操作规范与注意事项**
>
> 取菌操作应严格按照无菌操作规范进行，养成良好的无菌操作习惯。斜面取菌时，应先从斜面上端依次往斜面下端进行取菌。
>
> 涂片时，水和菌均不要太多，应尽量涂开，否则将造成干燥时间过长。为确保能将菌涂布均匀，载玻片要提前用去污粉或洗液洗涤干净，去除表面油脂。
>
> 热固定温度不宜太高，以免使菌体变形。在热固定过程中，可以将载玻片放在手背上试温，以微热而不烫手为宜。
>
> 不建议将干燥与热固定合二为一，因为在含水量较高的情况下进行加热固定，更容易造成菌体细胞变形。

（3）染色　　将热固定涂片置于水平位置，待其冷却后滴加 1 或 2 滴结晶紫染色液，静置染色 1 min 左右。

（4）水洗　　倾去染液，手持载玻片上端并使其稍倾斜，用水从上端缓缓冲洗，至载玻片上流下的水无色为止。

（5）干燥　　自然干燥或用电吹风吹干，也可用吸水纸吸干。

（6）镜检　　待标本片完全干燥后，先用低倍镜和高倍镜观察，将典型部位移至视野中央，再用油浸镜观察，记录观察结果。

（7）显微镜维护　　观察结束后，按实验一所述方法，擦拭并维护显微镜。

⚠ 操作规范与注意事项

染色时，要等热固定的标本片冷却后再加染色液，否则在水洗时会造成背景脱色不干净，影响观察。同时，染色液不要加太多或太少，以刚好均匀覆盖涂片薄膜为宜。

水冲洗时，应避免用较急水流直接冲洗在涂菌处，以免将菌体冲洗掉。应将载玻片倾斜，用自来水的细水流由载玻片上端流下，或用滴管从载玻片上端加水进行冲洗。也可以翻转载玻片，让水流由涂菌的反面自然流入正面进行冲洗。

水洗后进行干燥时，如果用吸水纸压在载玻片表面吸去水分加速干燥过程，切记要从正上面轻压吸水纸，吸水纸与载玻片之间在水平方向上不要有任何相对滑动，以免擦掉涂片上的细菌菌体。

五、实验内容与实验报告

（1）对所给的细菌菌种分别进行简单染色和形态观察，对于球菌主要观察菌体大小、排列方式等；对于杆菌，主要观察其长/宽比、端部形状、两端是否等宽、排列方式、是否产芽孢（注意：在单染色时，细菌芽孢不被染色）等。

（2）绘出所给各种细菌的形态图，注明菌名、放大倍数及所观察到的颜色。

六、思考题

（1）使用油浸镜时，应特别注意哪些问题？

（2）对同一微生物制片，用油浸镜观察比用低倍镜观察分别有何优、缺点？

（3）涂片标本在染色前为什么要先进行固定？固定时应注意什么问题？

七、延伸学习

了解其他细菌的个体形态及结构。

实验四
细菌的革兰氏染色

一、目的要求

1) 学习并初步掌握细菌革兰氏染色法的一般步骤与注意事项。
2) 了解革兰氏染色法的原理及其在细菌分类鉴定中的重要性。

二、实验材料

（1）菌种　　金黄色葡萄球菌（*Staphylococcus aureus*）、大肠杆菌（*Escherichia coli*）。
（2）染液与试剂　　草酸铵结晶紫染色液、碘液、95%乙醇脱色液、番红染色液、95%乙醇等。
（3）培养基　　营养琼脂培养基、营养肉汤液体培养基。
（4）其他　　显微镜、载玻片、接种环、酒精灯、无菌水、香柏油、二甲苯、擦镜纸、吸水纸等。

三、实验原理

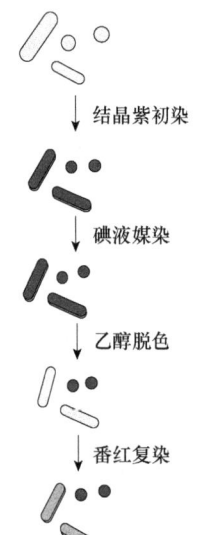

图 4-1　细菌革兰氏染色的一般步骤

革兰氏染色法是细菌学中最重要的鉴别染色法，是由丹麦医生 Hans Christian Gram 于 1884 年所发明的，而后一些学者在其方法的基础上进行了某些改进并沿用至今。通过革兰氏染色可把细菌区分为革兰氏阳性菌和革兰氏阴性菌两大类，革兰氏染色结果是细菌分类的重要依据。

革兰氏染色的基本步骤包括：先用结晶紫染液对细菌细胞进行初染，再经碘液媒染后用 95%乙醇或丙酮脱色，最后用番红染色液复染（图 4-1）。经过此法染色后，细胞呈现初染的蓝紫色的为革兰氏阳性菌，而呈现复染的红色的细菌为革兰氏阴性菌。

细菌革兰氏染色的结果与其细胞壁的化学组成和结构有关。经结晶紫初染以后，所有的细菌都会被染成蓝紫色。碘作为媒染剂，它能与结晶紫结合形成结晶紫-碘复合物，从而增强了染料与细菌的结合力。当用乙醇脱色时，两类细菌则由于细胞壁组成与结构的差异表现出不同的脱色效果。革兰氏阳性细菌的细胞壁主要由一层较厚而交联度又较高的肽聚糖组成,其形成的网状结构较致密,并且几乎不含类脂。当用乙醇或丙酮进行脱色处理时,细胞壁脱水,使肽聚糖层的网状结构孔径缩小,细胞透性降低,从而使结晶紫-碘复合物不易被洗出而保留在细胞内,细胞仍保持初染时的蓝紫色。革兰氏阴性细菌的细胞壁中肽聚糖层薄且交联度低,结构松散,并在其细胞壁的外膜层中含有较高比例的类脂。当用乙醇或丙酮脱色处理时,类脂被脱色剂溶解,细胞透性增加,使结晶紫-碘复合物被洗脱出来,细菌细胞呈无色。当再用番红复染后,这类细菌细胞最终被染成红色。

四、实验操作步骤

(1)细菌的活化培养　将保藏的细菌斜面培养物在无菌操作条件下接种于营养琼脂斜面,37℃培养16～24 h;或将保藏的细菌菌种接种于营养肉汤液体培养基中,37℃,150 r/min振荡培养至对数生长期(8～12 h)。

> ⚠ 操作规范与注意事项
>
> 由于细菌老化后细胞壁组成和结构都将发生一些改变,进而影响革兰氏染色结果,因此,进行细菌革兰氏染色时,要严格控制培养时间(菌龄),固体培养一般要求不超过24 h,而液体振荡培养一般不超过16 h。

(2)制片　取菌种培养物常规涂片、干燥、固定。

> ⚠ 操作规范与注意事项
>
> 取菌操作应严格按照无菌操作规范进行,制片过程中其他操作规范与注意事项参见实验三。
> 本实验中金黄色葡萄球菌和大肠杆菌进行混合涂片,然后进行革兰氏染色,建议取菌制片时,大肠杆菌量稍大,金黄色葡萄球菌量少一些,这样可以方便后续结果观察。

(3)初染　于涂片上滴加结晶紫染液,染色约1 min后,倾去染液并用水冲洗,去除剩余染料。

(4)媒染　用吸水纸将残余的水吸干,然后将涂片置于水平位置,滴加几滴碘液覆盖涂片处,染色约1 min后倾去碘液并用水冲洗。

> ⚠ 操作规范与注意事项
>
> 初染时要等热固定的标本片冷却后再加结晶紫染色液,否则会造成后续脱色不干净,影响实验结果。

媒染是为了让结晶紫与碘形成分子量较大的复合物，因此，媒染操作对革兰氏染色结果影响较大。如果上一步水洗后标本片上水残留较多，会降低碘液实际浓度，影响媒染效果，因此，媒染前可以用吸水纸轻压在载玻片上将水吸去，确保标本片基本无残水。

（5）脱色　用滤纸吸去载玻片上的残水，将载玻片倾斜，在白色背景下，直接用95%乙醇从载玻片上端冲洗脱色，直至流下的乙醇无明显的紫色时，立即用水冲洗。

⚠ 操作规范与注意事项

脱色是细菌革兰氏染色中最关键的一步，对脱色操作的控制与把握将直接影响革兰氏染色的结果是否正确。乙醇的浓度、用量及涂片厚度都会影响脱色速度。另外，为保证脱色均匀，在上端流加乙醇时，要左右移动滴管，以保证流下的乙醇可以覆盖整个涂片区。

脱色操作也可以滴加几滴乙醇于涂菌处，脱色一定时间（一般30~45 s，取决于涂片厚度和乙醇用量）。采用这种方法时，加乙醇前应先将标本片上的残水用滤纸吸去，并且加乙醇后要轻轻摇动标本片，以保证脱色均匀。

（6）复染　滴加番红染色液，染色1~2 min，水洗。
（7）镜检　用滤纸吸干涂片或自然风干，油浸镜镜检，观察菌体形态与颜色，并绘图记录结果。镜检结束后进行显微镜的维护。

⚠ 操作规范与注意事项

油浸镜观察与显微镜维护的相关操作规范与注意事项参见实验一和实验三。

五、实验内容与实验报告

对金黄色葡萄球菌和大肠杆菌两种菌进行混合涂片，进行革兰氏染色并进行显微镜检，图示所观察到的菌体细胞的形态与革兰氏染色结果。

六、思考题

1）为什么革兰氏染色所用细菌的菌龄一般不能超过24 h？
2）在下表中依次填入革兰氏染色所用染料的名称，并填上革兰氏阳性菌和革兰氏阴性菌在每步染色后菌体所呈的颜色。在不影响革兰氏染色反应的前提下，哪一步可以被省略？

步骤	所用染料或试剂	菌体所呈颜色	
		革兰氏阳性菌	革兰氏阴性菌
初染			
媒染			
脱色			
复染			

3）当你对一株未知细菌进行革兰氏染色时，怎样才能确保你的操作正确且结果可靠？

七、延伸学习

查阅资料，了解其他细菌学鉴别染色方法的原理与操作步骤。

实验五
细菌的芽孢染色

一、目的要求

学习并掌握细菌芽孢染色的原理和方法。

二、实验材料

（1）菌种　　枯草芽孢杆菌（*Bacillus subtilis*）。
（2）染液　　孔雀绿染色液、番红染色液。
（3）培养基　　营养琼脂培养基、营养肉汤液体培养基。
（4）其他　　显微镜、载玻片、接种环、酒精灯、无菌水、香柏油、二甲苯、擦镜纸、吸水纸、1.5 mL 具盖塑料离心管（Eppendorf 管）等。

三、实验原理

芽孢是某些细菌在其生长发育后期所形成的圆形或椭圆形、壁厚、含水量极低、抗逆性极强的休眠体。细菌能否形成芽孢，以及芽孢的形状、位置、芽孢囊是否膨大等特征都是细菌分类的重要依据。

芽孢染色法是根据细菌的芽孢和营养细胞化学组成与结构上的差异，从而造成它们对染料的亲和力不同而设计的一种细菌学染色方法。芽孢壁厚，透性低，着色、脱色均较困难。当用弱碱性的水溶性染料孔雀绿在加热的情况下对细菌进行染色时，此染料可以进入菌体和芽孢，使它们都被染成绿色。进入营养体细胞的染料可经水洗进行脱色，而进入芽孢的染料则难以洗出。若再用番红复染，则菌体细胞呈红色而芽孢呈绿色。

四、实验操作步骤

1. 方法一

（1）菌体培养　　将保藏的枯草芽孢杆菌斜面培养物在无菌操作条件下接种于营养琼脂斜面，37℃培养 24～48 h；或将保藏的细菌菌种接种于营养肉汤液体培养基中，37℃，150 r/min 振荡培养 48 h。

⚠ 操作规范与注意事项

芽孢作为细菌的一种抗逆性休眠体,一般在生长周期的后期(平衡期中后期)才开始产生,因此,进行芽孢染色时细菌培养时间要长一些。

(2)制备菌悬液　加1或2滴水于1.5 mL具盖塑料离心管(Eppendorf管)中,用接种环挑取3或4环菌苔于管中,混合均匀,制成浓的菌悬液。若采用芽孢杆菌液体培养物,则可以直接取0.5 mL培养液进行离心收集菌体,弃去上清液后直接振荡打散制备成较高浓度的菌悬液。

(3)孔雀绿染色液染色　加2或3滴孔雀绿染色液于上述小离心管中,并使其与菌液混合均匀,然后将离心管置于沸水浴中,加热染色15~20 min。

(4)涂片固定　用接种环取小离心管底部菌液数环于干净载玻片上,涂成薄膜,自然风干后将涂片通过酒精灯火焰3或4次加热固定。

(5)脱色　用水冲洗,直至流出的水无绿色为止。

(6)复染　用番红染色液染色1~2 min,倾去染液,水冲洗并用滤纸吸干。

(7)镜检　干燥后用油浸镜观察,芽孢呈绿色,芽孢囊和营养细胞为红色。

⚠ 操作规范与注意事项

采用本方法进行芽孢染色时,最常见的问题是制备的菌悬液菌浓度偏低,染色后进行涂片,视野中菌体和芽孢偏少,不容易观察到营养体细胞和芽孢,因此,可以考虑在煮沸染色后,进行高速离心,并从小离心管底部取菌进行涂片。

用孔雀绿染液进行煮沸染色时,要时刻观察塑料离心管盖子是否被冲开,以确保沸水不会进入到离心管中稀释染液和菌液。

油浸镜观察与显微镜维护相关操作规范与注意事项参考实验一和实验三。

2. 方法二

(1)制片　取芽孢杆菌培养物常规涂片、干燥、固定(参考实验三)。

(2)孔雀绿染色液染色　将一张与载玻片等宽的方形小滤纸片盖于涂菌处,加3~5滴孔雀绿染色液于其上,用木夹夹住载玻片在酒精灯火焰上方加热,使其产生持续蒸汽(但不沸腾),并随时补加染液保持涂片不干,维持5~10 min。

⚠ 操作规范与注意事项

制片操作规范及注意事项参考实验三。

用孔雀绿染色液进行加热染色时,要注意不要离酒精灯火焰太近,要略高一些,产生蒸汽后保持微火加热即可。为了维持滤纸片上染液不干,又能持续产生蒸汽,要少量多次补加染液,不要一次补加太多。

（3）脱色　揭去滤纸片，冷却后用水冲洗，直至流出的水无绿色为止。
（4）复染　用番红染色液染色 1~2 min，倾去染液，水洗并用滤纸吸干。
（5）镜检　干燥后用油浸镜观察，芽孢呈绿色，芽孢囊和营养细胞为红色。

五、实验内容与实验报告

采用上述方法之一对所给芽孢杆菌培养物进行芽孢染色并显微镜检，图示所观察到的芽孢杆菌细胞的形态与芽孢染色结果，注意观察芽孢的形状、位置和芽孢囊是否膨大等特征。

六、思考题

1）芽孢染色中孔雀绿染色时加热的作用是什么？

2）如果用结晶紫对本实验所给的芽孢杆菌进行细菌单染色，会观察到什么样的结果？

七、延伸学习

查阅资料，了解细菌其他特殊构造染色方法的原理与操作步骤。

实验六
放线菌的形态观察

一、目的要求

1）学习并掌握放线菌制片与形态观察的基本方法。
2）了解常见放线菌的基本形态特征。

二、实验材料

（1）菌种　各种链霉菌（*Streptomyces* sp.）的马铃薯葡萄糖琼脂（PDA）培养基（配方见附录二）培养物（28～30℃下培养3～5 d）。
（2）染料　石炭酸复红染色液、美蓝染色液。
（3）其他　恒温培养箱、载玻片、盖玻片、接种针、镊子、显微镜、擦镜纸等。

三、实验原理

放线菌是一类大多数呈菌丝状生长、以孢子进行繁殖、革兰氏染色阳性的单细胞原核微生物。其菌丝体一般由基内菌丝（营养菌丝）、气生菌丝及部分气生菌丝分化而成的繁殖菌丝（孢子丝）组成。基内菌丝生长在固体培养基内部及表面，一般无横隔，直径与细菌差不多，分枝繁茂，无色或产生各种颜色的水溶性或脂溶性色素。气生菌丝是由基内菌丝分枝向培养基上方伸展而成的二级菌丝，一般较基内菌丝颜色深且粗，直形或弯曲，有分枝，有的产色素。部分气生菌丝分化为具有形成分生孢子能力的繁殖菌丝，即为孢子丝。孢子丝呈直形、波曲或螺旋状，丛生、单轮生或双轮生。孢子丝发育到一定阶段，其顶端形成球形、椭圆形或杆状的分生孢子。放线菌营养菌丝、气生菌丝、孢子丝，以及孢子的形态、颜色及着生情况等是放线菌重要的分类特征。

由于存在分枝繁茂的基内菌丝，因此，放线菌菌落一般小而紧密，干燥且不易挑取，完整菌丝体结构在制片过程中易被破坏，因此需要采用一些特殊的制片方法进行观察。放线菌的营养菌丝和细菌一样，菌丝较细且含水量较高，需要染色才方便观察，而其气生菌丝和孢子丝由于一般较粗，含水量较低，可以不经染色直接进行观察。

四、实验操作步骤

1. 压片染色观察法

（1）取菌　用接种针或解剖针或消毒的小刀将生长在固体平板上的放线菌菌落连同培养基一起取出，菌面向上置于一洁净的载玻片中央。

（2）压片　用镊子另取一片洁净的载玻片，盖在上述放置菌落琼脂块的载玻片上，稍用力将菌落压碎，去除培养基，制成涂片，干燥、固定（方法一）。本操作也可以将上面一片载玻片稍微加热，轻压菌落使部分菌丝体和孢子转移至上面的载玻片。翻转该载玻片进行干燥、固定（方法二）。

（3）染色与显微镜检观察　滴加 1 或 2 滴美蓝染色液或石炭酸复红染色液染色 1 min，水洗，干燥（可用吸水纸吸去水渍），用油浸镜观察放线菌营养菌丝等形态。

> **操作规范与注意事项**
>
> 采用方法一更有利于观察基内菌丝，要稍用力压碎培养基以方便将培养基尽量去除干净；而方法二则和下述印片法相似，更方便观察孢子丝和孢子，要求不要用力过大，尽量不要压碎培养基。
>
> 注意上面的载玻片应垂直压下或取出，避免载玻片水平移动而破坏菌丝体的自然形态，尤其是采用方法二时。

2. 印片染色观察法

（1）印片　取一片洁净的盖玻片，置于培养在固体平板上的放线菌菌苔或菌落上，轻轻按压一下，使菌苔或菌落上的部分放线菌孢子丝和孢子转移至盖玻片上。

（2）染色与镜检观察　取一片洁净的载玻片，在其中央滴加 1 小滴美蓝染色液或石炭酸复红染色液，将盖玻片上印有放线菌孢子丝的一面朝下，将孢子及孢子丝置于染色液中进行染色制成印片，用油浸镜观察放线菌孢子及孢子丝的形态。

> **操作规范与注意事项**
>
> 本方法比较适用于观察放线菌的孢子丝和孢子形态，要求下压时不要用力过大，尽量不要压碎培养基，并且盖玻片应垂直压下或取出，避免盖玻片在平板培养物表面进行水平移动而破坏菌丝体的自然形态。

3. 埋片（插片）观察法

（1）接种　用无菌水从放线菌斜面上将孢子洗下，制备成较浓的孢子悬液或菌悬液，然后用接种环或无菌滴管取上述孢子悬液或菌悬液划线接种于预先制备好的 PDA 平板上。

（2）埋片（插片）　　用镊子取一片浸泡于乙醇中的洁净盖玻片，在酒精灯火焰上灼烧灭菌后，以大约45°倾角斜插于接种线旁，插入深度约为盖玻片长度的1/2。

> **⚠ 操作规范与注意事项**
>
> 所有操作严格按照无菌操作规范进行。
>
> 最好在盖玻片在酒精灯火焰灼烧后，盖玻片还有一定温度时马上进行插片，这样盖玻片比较容易插入固体培养基中。
>
> 为了便于观察，放线菌菌丝体最好只在盖玻片靠近接种线的一面生长，而不蔓延至盖玻片的另一面，因此，斜插盖玻片时，既要尽量靠近接种线，又不要插在接种线内。也可以先插入盖玻片，然后用接种环在靠近盖玻片中间的位置接种少量放线菌孢子。

（3）培养　　将插片后的平板正置于恒温培养箱中，28～30℃培养3～5 d，菌丝将沿着盖玻片向上生长。

（4）镜检观察　　待菌丝长好后，小心取出盖玻片，翻转盖玻片（即生长有菌丝的一面朝上），置于一片洁净的载玻片中央，用高倍镜观察放线菌各部分形态。

五、实验内容与实验报告

1）观察并记录所给放线菌的菌落形态。
2）分别采用压片法和印片法观察各种放线菌的基内菌丝及孢子丝的形态。
3）观察插片法培养的各种放线菌的形态构造。
4）绘出所观察到的各种放线菌的形态图，注明各部分名称。

六、思考题

比较放线菌各种制片方法的优缺点及操作注意事项。

七、延伸学习

1）查阅资料，了解其他放线菌的个体形态及构造。
2）查阅资料，了解其他观察放线菌形态及构造的方法。

实验七
霉菌的形态观察

一、目的要求

1) 学习并掌握观察霉菌形态的基本方法。
2) 了解常见霉菌（根霉、毛霉、曲霉、青霉、红曲霉）的基本形态特征。

二、实验材料

（1）菌种　　根霉（*Rhizopus* sp.）、毛霉（*Mucor* sp.）、曲霉（*Aspergillus* sp.）、青霉（*Penicillium* sp.）、红曲霉（*Monascus* sp.）。

（2）培养基　　马铃薯葡萄糖琼脂（PDA）培养基或察氏琼脂培养基（配方见附录一）。

（3）溶液或试剂　　乳酸石炭酸棉蓝染色液。

（4）其他　　无菌移液管、培养皿、载玻片、盖玻片、"U"形载玻片搁架、解剖针、镊子、20%甘油、显微镜、吸水纸、擦镜纸等。

三、实验原理

霉菌泛指能形成一层肉眼可见的分支繁茂的菌丝体及孢子，而不能形成肉眼可见子实体的一类真菌。霉菌菌丝体一般由基内菌丝（营养菌丝）、气生菌丝及由特化的气生菌丝分化而成的繁殖菌丝组成。根据种类不同，霉菌的基内菌丝有些有横隔（如属于半知菌类的青霉属、曲霉属和属于子囊菌纲的红曲霉属等），而有些无横隔（如属于藻状菌纲的根霉菌和毛霉菌等）。有些霉菌具有一些特化的营养菌丝，可以执行某些特殊功能，如根霉菌的假根及曲霉菌的足细胞等。霉菌一般通过形成各种无性孢子或有性孢子进行繁殖，从而形成形态各异的繁殖菌丝体结构。霉菌的这些形态学特征是其重要的分类依据。

霉菌菌丝一般比较粗大，直径可以达到3~10 μm，其各种特化的基内菌丝结构和繁殖菌丝结构特征明显，可以采用光学显微镜的低倍镜或高倍镜进行直接观察。但若采用水浸片直接制片，霉菌的菌丝体容易收缩变形，孢子也容易飘散飞扬，因此，在制备霉菌标本时，常用乳酸石炭酸溶液作为介质，其中含有乳酸、石炭酸和甘油等组分，具有使细胞不易变形、杀菌防腐、不易干燥、能保持较长时间等优点。同时加入少量棉蓝，又对霉菌菌丝体具有一定的染色效果，更加便于观察。

霉菌的有些结构（如曲霉菌的足细胞等）在制片过程中特别容易被破坏，影响对其整体形态的观察，此时，可采用载片培养法。此法便于直接在显微镜下观察，尤其适用于根霉的假根、曲霉的足细胞及分生孢子链等结构的着生和生长情况的观察，并且还可以在同一标本上观察到微生物发育的不同阶段的形态。

四、实验操作步骤

1. 乳酸石炭酸棉蓝染色观察法

（1）点种培养　　用接种针或无菌牙签从冰箱保藏的霉菌斜面培养物上蘸取少许孢子，在预先制备好的察氏琼脂培养基或其他霉菌培养基平板中央点种或穿刺接种（倒置培养皿穿刺接种），28～30℃下培养 7～10 d，形成平板菌落培养物。

> ⚠ **操作规范与注意事项**
>
> 注意接种过程的无菌操作规范。
> 由于在接种过程中霉菌孢子容易飘散，因此，建议按上述平板中央穿刺方法进行点种接种。

（2）制片与染色　　在洁净载玻片的中央加一滴乳酸石炭酸棉蓝染色液，打开霉菌平板培养物，用解剖针从菌落的边缘挑取少量带有孢子的菌丝，放入载玻片的染液中，细心地把菌丝挑散开，从侧面加盖玻片，注意不要产生气泡。

> ⚠ **操作规范与注意事项**
>
> 由于霉菌菌丝体是尖端生长，因此，为了保证同时观察到菌丝体及孢子，取样时应选择靠近菌落边缘的菌丝。红曲霉为了能同时观察到其分生孢子和闭囊壳，取样时可以选择较老些的菌丝体。为了能更好地观察霉菌菌丝体全貌，挑取时可以略带出少许培养基，展开时用两根解剖针轻轻地将菌丝挑散，尽量不要破坏菌丝体结构。

（3）镜检　　将制作的霉菌标本片置于普通光学显微镜的载物台上，分别用低倍镜（10×）和高倍镜（40×）进行观察并绘图或拍照记录。菌丝呈蓝色，颜色的深度随菌龄的增加而减弱。

各种霉菌具体观察重点如下。

根霉菌：营养菌丝体（有无横隔）、假根、孢子囊柄、孢子囊、囊轴、囊托、孢子囊孢子；

毛霉菌：营养菌丝体（有无横隔）、孢子囊柄、孢子囊、囊轴、孢子囊孢子；

曲霉菌：营养菌丝体（有无横隔）、足细胞、分生孢子梗、顶囊、小梗（形状、层数及着生情况）、分生孢子；

青霉菌：营养菌丝体（有无横隔）、分生孢子梗、帚状枝（小梗的轮数及其对称性）、分生孢子；

红曲霉：营养菌丝体（有无横隔）、分生孢子及其着生情况、闭囊壳、子囊孢子。

2. 载玻片湿室培养观察法

载玻片湿室培养观察法也称载片培养法。在无菌操作条件下将培养基琼脂薄层置于载玻片上，接种后盖上盖玻片培养，霉菌即在载玻片和盖玻片之间的有限空间内沿盖玻片横向生长。培养一定时间后，将载玻片上的培养物置于显微镜下观察。载片培养法制备的标本片可直接在显微镜下观察，这种培养观察方法保持了霉菌的自然生长状态，尤其适用于根霉的假根、匍匐菌丝，曲霉的足细胞的观察，并且还可以在同一标本片上观察霉菌的不同生长阶段的形态。

载玻片湿室培养观察法的具体操作如下。

（1）准备湿室　　在培养皿底部铺一张圆形滤纸片，滤纸片上依次放上"U"形载玻片搁架、载玻片、盖玻片（两片），盖上皿盖，外用牛皮纸包扎，0.1 MPa，20 min 高压蒸汽灭菌后，置于 60℃烘箱干燥，备用。

（2）取菌接种　　用灭菌处理过的金属镊子将湿室中的载玻片在"U"形载玻片搁架上放正。用接种环挑取少量待观察的霉菌孢子，接种于载玻片上。

（3）加培养基　　用无菌细口滴管或微量移液器吸取少许熔化并冷却至约45℃的霉菌培养基（PDA 培养基或察氏琼脂培养基），滴加到载玻片的接种处，培养基应滴得圆而薄，直径约为 0.5 cm（滴加量一般以 1 或 2 小滴为宜），注意无菌操作。

（4）加盖玻片　　在培养基未彻底凝固前，用无菌镊子将皿内的盖玻片盖在琼脂薄层上，用镊子轻压盖玻片，使盖玻片和载玻片之间相当接近，但不能完全贴紧。

（5）倒保湿剂　　每皿倒入 3～5 mL 20%（V/V）的无菌甘油，使培养皿内滤纸完全湿润，以保持皿内湿度，盖上皿盖，即制成载玻片湿室（图 7-1）。

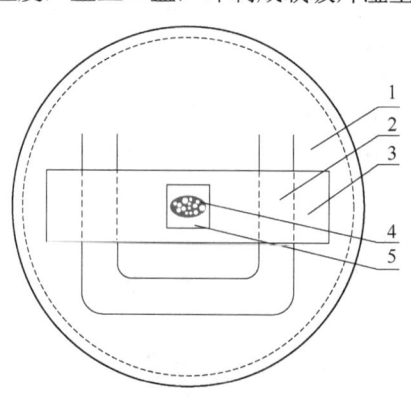

图 7-1　霉菌的载片培养示意图

1. 圆形滤纸片+无菌甘油；2 "U"形载玻片搁架；3. 载玻片；4. 琼脂培养基+霉菌孢子；5. 盖玻片

⚠ 操作规范与注意事项

所有接种操作要严格执行无菌操作规范。

接种时接种量要少，只要将带菌的接种环在载玻片上轻轻碰几下即可，以免培养后菌丝过于稠密或生长至盖玻片另一面而影响观察。

加盖玻片时，如果不下压盖玻片，则会使盖玻片与载玻片之间空隙太大，造成霉菌生长时各部分结构不呈平行排列，在同一焦平面下不易观察到其完整结构，必须不停调节焦距，给镜检观察带来不便；但如果下压太猛，将培养基完全压扁，使得盖玻片完全贴紧在载玻片上，在培养过程中就不能给霉菌生长提供充分的氧气（霉菌为好氧微生物）。因此，下压要适度，要在盖玻片和载玻片之间留有小的缝隙，既保证霉菌各部分平行排列，又能为霉菌生长提供充分氧气。

（6）载片培养　　将制备好的载玻片湿室置于28℃培养箱中培养7～10 d。

（7）镜检观察　　将培养好的载玻片取出，置于普通光学显微镜的载物台上，用低倍镜（10×）或高倍镜（40×）进行观察并绘图或拍照记录。

五、实验内容与实验报告

（1）观察根霉、毛霉、曲霉、青霉和红曲霉的菌落形态。

（2）采用乳酸石炭酸棉蓝染色法制片观察根霉、毛霉、曲霉、青霉和红曲霉的菌丝体形态与构造。

（3）对根霉、毛霉、曲霉、青霉和红曲霉作载片培养，观察其形态构造。

（4）绘出所观察到的各种霉菌的形态图，注明各部分名称。

六、思考题

（1）列表比较根霉、毛霉、曲霉、青霉和红曲霉菌落形态。

（2）比较所观察的各种霉菌的个体形态及繁殖方式的异同点。

七、延伸学习

（1）查阅资料，了解其他霉菌的个体形态及构造。

（2）查阅资料，了解其他观察霉菌个体形态及构造的方法。

实验八
酵母菌细胞总数的测定

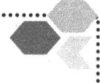

一、目的要求

1）学习并掌握血细胞计数板对微生物细胞总数计数的原理。
2）掌握利用血细胞计数板对酵母菌细胞进行计数的方法。

二、实验材料

（1）菌种　　酿酒酵母（*Saccharomyces cerevisiae*）麦芽汁培养液。
（2）其他　　显微镜、血细胞计数板、手动计数器、擦镜纸、吸水纸等。

三、实验原理

采用计数板对微生物细胞总数在显微镜下直接进行计数，是一种常用的微生物生长测定方法。其中，对于个体体积比较大的酵母菌或霉菌孢子，可以利用血细胞计数板进行计数。该方法是将酵母菌悬液或霉菌孢子悬液置于血细胞计数板与盖玻片之间容积一定的计数室中，在显微镜下进行计数，然后根据计数结果计算出单位体积内的酵母菌细胞或霉菌孢子的总数目。

血细胞计数板是一块特制的比较厚的载玻片，其上由4条竖向凹槽分割成3个平台。其中，中间较宽的平台又被一短的横向凹槽隔成上下两部分，上下两部分的平台上分别刻有一个方格网，每个方格网共分为9个大方格，中间的那个大方格即为计数室。计数室边长1 mm，中间平台下陷0.1 mm，故盖上盖玻片后计数室的容积为0.1 mm³（即0.1 μL）。常见血细胞计数板的计数室有两种规格：一种是16×25型，即计数室共分为16个中方格，每个中方格又分为25个小方格；另一种是25×16型，即计数室先被分成25个中方格，每个中方格又分为16个小方格，目前，微生物学实验室一般采用的血细胞计数板即为这种类型。但无论是哪一种规格的血细胞计数板，其计数室的小方格都是400个（图8-1）。

计数时，通常计数左上、右上、左下、右下和中央5个有代表性的中方格中的酵母菌细胞总数，再换算成1 mL菌液中的总菌数。计算公式如下：

$$1 \text{ mL 菌液中总菌数} = 5 \times A \times B \times 10^4$$

式中，A为5个中方格中的酵母菌细胞总数；B为菌悬液稀释倍数。

实验八 酵母菌细胞总数的测定　31

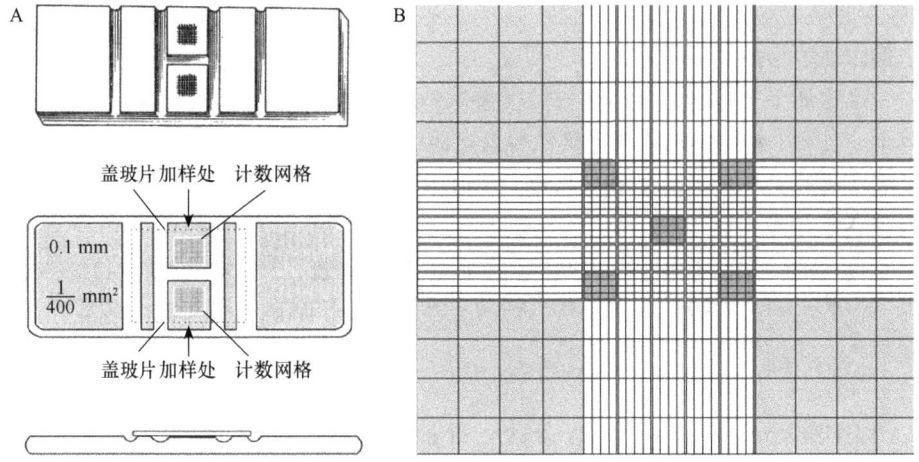

图8-1　血细胞计数板（A）及计数室（B）的结构示意图

四、实验操作步骤

（1）菌悬液的制备　　以无菌生理盐水将酿酒酵母摇瓶培养物制成浓度适当的菌悬液。

（2）加样品　　将清洁干燥的血细胞计数板盖上盖玻片，然后将血细胞计数板置于显微镜载物台上。用毛细滴管将摇匀的酵母菌悬液分别由盖玻片的上下边缘各滴一小滴，让菌液沿缝隙依靠毛细作用自动进入计数室。

> ⚠ 操作规范与注意事项
>
> 为避免计数误差，菌液浓度不宜过高或过低，一般以每个中方格中细胞数60~100个为宜，即菌液浓度为1.5×10^7~2.5×10^7个/ml。
>
> 由于酵母菌细胞容易沉降，取样前一定要吹吸混匀或摇匀菌液，以免取样不均匀，造成计数明显偏高或偏低。
>
> 加样时，将滴管在盖玻片边缘稍倾斜，加一小滴即可，不要加样太多以避免盖玻片漂浮。加样时尽量避免将菌液加在盖玻片上。
>
> 要使用血细胞计数板专用盖玻片，这种盖玻片较厚，不易因变形而造成计数室容积不准确而影响计数结果的准确性。
>
> 有人会先加样，再将血细胞计数板移至显微镜载物台上。由于移动时计数板可能倾斜造成计数室中菌液体积改变，因此，建议采用上述方法加样。

（3）找计数室　　加样后静止 5 min，以使菌体细胞沉降。先用低倍镜找到计数室所在位置，然后换成高倍镜进行计数。

⚠ **操作规范与注意事项**

注意调节显微镜光线的强弱,使菌体和计数室线条清晰。本实验中光亮调节十分重要,要结合光亮调节旋钮和聚光器位置进行调节,使视野中光亮适中,对比度明显。视野中光亮不要太强,同时聚光器位置也不要太靠近载物台,否则很容易看不清计数室线条。

由于计数室中方格边线为双线,因此,在低倍镜下寻找计数室时,可以先上下(或左右)移动载物台,找到横向(或竖向)双线区,再左右(或上下)移动载物台,即可找到计数室。

(4)计数　取左上、右上、左下、右下和中央5个中方格进行计数。位于中方格边线上的菌体一般只计上边和右边线上的(或只计左边和下边线上的)。如遇到酵母菌出芽,芽体大小达到母细胞一半以上时,即作为两个菌体计数。对于同一个酵母菌悬液样品,要分别用上下两个计数室进行计数,并根据二者的平均数值来计算样品的含菌量。

⚠ **操作规范与注意事项**

为了避免载物台不平整造成计数室中各中方格中菌数有较大差异,因此取上述5个有代表性的中方格进行计数。计数时,可以先在低倍镜下确定某一中方格(如左上),然后将其移至视野中央,换高倍镜进入光路进行计数。

位于中方格边线上的细胞,是指压中方格外边线。原则上讲,计任意两条相邻边线上的细胞都可以,不局限于我们所讲的上边和右边或左边和下边,但必须所有中方格都计相同两条边上的细胞。

(5)清洗血细胞计数板　使用完毕后,将血细胞计数板和盖玻片在水龙头上用流水冲洗干净,然后晾干或用吹风机吹干。镜检观察计数室内是否有残留菌体或其他沉淀物。若不干净,则必须重复冲洗至干净为止。待晾干或吹干后放回专用的盒内保存。

⚠ **操作规范与注意事项**

严禁用毛刷等硬物洗刷血细胞计数板,以免影响其容积!

五、实验内容与实验报告

1)用血细胞计数板法测定所给酿酒酵母培养液的细胞浓度。
2)将结果记录于下表中。A 表示5个中方格中总菌数;B 表示稀释倍数。

	各中方格菌数					A	二室平均值	B	总菌数/mL
	1	2	3	4	5				
第一室									
第二室									

六、思考题

1）根据你的体会，用血细胞计数板计数的误差主要来自哪些方面？应如何尽量减少误差，力求准确？

2）能否用血细胞计数板在油浸镜下对细菌进行计数？为什么？

七、延伸学习

查阅资料，了解其他测定酵母菌细胞数的方法，并与血细胞计数板法进行比较。

实验九
酵母菌细胞大小的测定

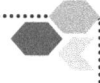

一、目的要求

1）了解测微尺法测量微生物细胞大小的原理。

2）学习并掌握接目测微尺的校正方法及测微尺法测量微生物细胞大小的操作方法，增强对微生物细胞大小的感性认识。

二、实验材料

（1）菌种　　酿酒酵母（*Saccharomyces cerevisiae*）菌悬液。

（2）其他　　显微镜、接目测微尺、镜台测微尺、载玻片、盖玻片、吸水纸、擦镜纸等。

三、实验原理

细胞的大小是微生物细胞的基本形态特征，也是微生物分类鉴定的依据之一。微生物细胞个体较小，其大小难以直接测定，需要在显微镜下借助于一种被称作测微尺的特殊测量工具来测定。

测微尺包括镜台测微尺和接目测微尺。直接用于测定微生物细胞大小的是接目测微尺，其通过测定微生物细胞经显微镜放大后所形成的物像的大小来测定其实际大小。接目测微尺是一块可以放入目镜的圆形小玻片，其中央有精确等分为50小格或100小格的刻度。在测量时，将接目测微尺放在目镜的隔板上，即可用来测量经显微镜放大后的细胞物像。目前很多公司的光学显微镜配有专用的预先装好接目测微尺的目镜，测量时只要用这种目镜替换原有普通目镜即可。

由于接目测微尺所测量的是经显微镜放大后的细胞物像大小，因此，在不同的显微放大系统下（指不同显微镜或同一显微镜的不同目镜和物镜组合），放大倍数不同，使得相同长度的物体经放大后所形成的物像长度发生改变，进而造成接目测微尺每一小格所代表的实际长度也不一样。所以，在用接目测微尺测量微生物细胞大小之前，必须先对接目测微尺进行标定，以确定在某特定显微放大系统下（即某台显微镜在特定放大倍数的目镜和物镜组合条件下），接目测微尺每一小格所代表的实际长度，然后再根据微生物细胞相当于接目测微尺的格数，计算出微生物细胞的大

实验九 酵母菌细胞大小的测定 35

小。用于对接目测微尺进行标定的工具称作镜台测微尺,它是一张中央部分刻有精确等分线的载玻片,刻度总长是 1 mm,被等分为 100 格,每格 0.01 mm(10 μm)(图 9-1)。镜台测微尺只用于对接目测微尺进行标定,不直接用于测定微生物细胞大小。

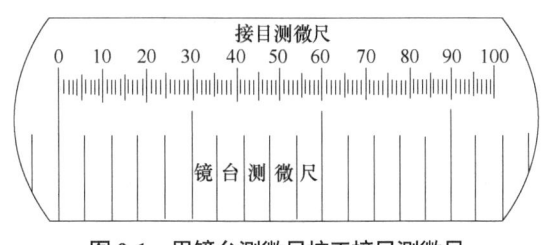

图 9-1 用镜台测微尺校正接目测微尺

四、实验操作步骤

1. 装接目测微尺

取下显微镜的目镜,换上安装有接目测微尺的专用目镜。如果所使用的显微镜未配备这种专用目镜,则可从镜筒上取下显微镜的目镜,旋下透镜,将接目测微尺刻度朝下放在接目镜的隔板上,再旋上目镜透镜,将装有测微尺的目镜装回镜筒即可。

2. 接目测微尺的标定

(1)放置镜台测微尺　将镜台测微尺固定在显微镜的载物台上,刻度面朝上。

> ⚠ 操作规范与注意事项
>
> 对于双筒显微镜,只需要更换其中一个目镜,后续标定与测定时也只使用这一个目镜。
>
> 放置镜台测微尺时,注意不可放反。一般的镜台测微尺刻度面有相应的标识。如果没有,则可通过从侧面进行观察判断其刻度面。当从侧面进行观察时,有刻度的一面能观察到重影。

(2)标定　先用低倍镜进行标定,再用高倍镜进行标定。

转动物镜转换器,将低倍镜(10×)转动到工作位置,将镜台测微尺有刻度的部分移至视野中央,调节焦距,当清晰地看到镜台测微尺的刻度后,转动目镜,使接目测微尺刻度与镜台测微尺刻度所形成的物像相平行。通过移动标本移动钮移动镜台测微尺,使两种测微尺的刻度线在某一区域内实现两线重合(先使接目测微尺的一条刻度线在左侧与镜台测微尺一条刻度线相重合,再在右侧寻找另一条二者完全重合的刻度线),然后分别数出两重合线之间镜台测微尺和接目测微尺所占的格数。

转动物镜转换器，将高倍镜（40×）转动到工作位置，按上述方法，在高倍镜下对接目测微尺进行标定。

> ⚠ **操作规范与注意事项**
>
> 在标定接目测微尺时，注意通过光亮调节钮和聚光器位置控制视野中比较适宜的光线强度和对比度，光线不宜过强，否则难以找到镜台测微尺的刻度。
>
> 换高倍镜进行标定时，务必十分小心，防止接物镜压坏镜台测微尺或损坏物镜镜头。
>
> 在标定时，由于镜台测微尺的刻度经显微镜放大后所形成的物像具有一定宽度，明显比接目测微尺刻度粗，这在高倍镜下进行标定时尤其明显，因此，在标定过程中，寻找某一区域中两种测微尺完全重合的两条刻度线时，接目测微尺刻度线要与镜台测微尺刻度线物像的同一侧完全重合。

（3）计算　由于镜台测微尺每格刻度的长度为 10 μm，因此，根据两重合线间镜台测微尺的格数和对应的接目测微尺的格数，即可计算出在特定放大系统下，接目测微尺每格所代表的实际长度。

$$\text{接目测微尺每格代表的实际长度（μm）} = 10\,n/m$$

式中，n 为两重合线间镜台测微尺的格数；m 为两重合线间接目测微尺的格数。

3. 微生物细胞大小的测量

（1）制作水浸片　取一张洁净的载玻片，在其中央滴加一滴酿酒酵母菌悬液，从侧面盖上一片盖玻片，制成酵母菌水浸片（见实验二）。

（2）测定　接目测微尺标定完毕后，取下镜台测微尺，换上制备好的酿酒酵母水浸片，将其固定在载物台上。先用低倍镜调焦观察到酵母菌细胞的清晰图像，然后转换到高倍镜下，随机选取 10~20 个酵母细胞，用接目测微尺测量每个酵母细胞的宽和长所占的格数，再依据所标定的高倍镜下每一格的实际长度计算细胞的实际大小。

> ⚠ **操作规范与注意事项**
>
> 由于对数期的细胞大小比较一致，更有代表性，因此，测定细胞大小时，通常应选用对数生长期的培养物进行测定。
>
> 制备酵母水浸片时，是取一张洁净的载玻片，而不是将酵母菌悬液加在标定用的镜台测微尺上。
>
> **切记：镜台测微尺只用来标定接目测微尺，不直接用于测定细胞大小！**
>
> 在测定时，要随时通过移动标本移动钮和旋转目镜使接目测微尺刻度线与待测定细胞的长轴向或短轴向相切，不足整格的进行估算，一般估算格数保留小数点后一位即可。

实验九　酵母菌细胞大小的测定　37

> 测定和标定必须在同一放大系统下进行，即测定和标定既要在同一台显微镜下进行，也要在相同放大倍数的物镜和目镜组合下进行，更换显微镜、不同放大倍数的物镜或目镜，都需要对接目测微尺重新进行标定。

（3）维护　测量完毕后，将专用目镜取下，换上原来的普通显微镜目镜。对于非配套的专用目镜，则需要旋开目镜，从隔板中取出接目测微尺，再将旋好的目镜放回镜筒。用擦镜纸将专用目镜或接目测微尺擦拭干净后，放回专用的盒内保存，并按照显微镜的使用和维护方法擦拭显微镜。

五、实验内容与实验报告

1）分别在低倍镜、高倍镜下对接目测微尺进行标定，并报告标定结果。

低倍镜下两重合线间接目测微尺_____格对应镜台测微尺_____格，接目测微尺每格代表的实际长度是_____μm。

高倍镜下两重合线间接目测微尺_____格对应镜台测微尺_____格，接目测微尺每格代表的实际长度是_____μm。

2）随机选取 10 个酵母菌细胞，在高倍镜下测定它们的大小，并将测定结果填入下表。

菌号	接目测微尺格数		实际长度	
	宽	长	宽	长
1				
2				
3				
4				
5				
6				
7				
8				
9				
10				
平均值				

六、思考题

为什么随着显微镜放大倍数的改变，接目测微尺每小格代表的实际长度也会改变？

七、延伸学习

查阅资料，了解其他测定微生物细胞大小的方法，并与本实验所采用的方法进行比较。

实验 十
培养基的制备与灭菌

一、目的要求

1) 掌握微生物学实验室常用培养基的配制方法和玻璃器皿的包扎方法。
2) 掌握干热灭菌和高压蒸汽灭菌的操作方法。
3) 为后续实验准备灭菌的培养基和玻璃器皿。

二、实验材料

（1）药品　　配制各种培养基所需成分或各种商品培养基、琼脂粉、1 mol/L 的 NaOH 溶液和 HCl 溶液。

（2）仪器及玻璃器皿　　天平、高压蒸汽灭菌锅、烘箱、电磁炉、移液管、试管、烧杯、量筒、三角瓶、培养皿、玻璃漏斗等。

（3）其他物品　　药匙、称量纸、pH 试纸、记号笔、棉花、硅胶塞、牛皮纸、报纸等。

三、实验原理

纯培养技术是微生物学实验基本实验技术之一，而培养基的配制与灭菌是微生物纯培养技术的重要组成部分，也是开展微生物学科学研究工作必备的实验技能。

培养基是人工配制的含有营养物质的供微生物生长繁殖或积累代谢产物的基质。由于微生物种类及代谢类型的多样性，因而用于培养微生物的培养基的种类也很多，它们的配方及配制方法虽各有差异，但大多数培养基的配制程序却大致相同，即一般包括以下基本环节：器皿的准备、培养基的配制与分装、玻璃器皿的包扎、培养基的灭菌、斜面与平板的制作及培养基的无菌检查等。

在微生物学实验、科学研究及工程实际应用工作中，一般需要进行微生物的纯培养，不能有任何杂菌污染。因此，为了杀死可能对微生物培养过程产生影响的杂菌，必须对培养微生物所需的培养基和各种器材等进行预先灭菌。灭菌是指杀死物体中所有微生物（包括微生物的营养体、芽孢和孢子）的技术措施或过程。微生物学实验室最常用的灭菌方法包括直接灼烧灭菌法、烘箱干热空气灭菌法和高压蒸汽灭菌法等。这些方法的基本原理是通过加热使微生物体内的蛋白质凝固变性，从而达到杀灭所有微生物的目的。烘箱干热空气灭菌法是在烘箱中利用较高温度的热空气进行灭菌，适用于培养皿、试管、移液管等玻璃器皿，以及陶瓷器皿、金属用具等耐高温的物品的灭菌。而高压蒸汽灭菌法则是利用在加压条件下产生的高于100℃的湿热水蒸气进行灭菌，适用于一般培养基、生理盐水、缓冲溶液及玻璃器皿的灭菌。由于湿热蒸汽比干热空气具有更强的穿透力、细胞物质在高含水量时更容易变性凝固，以及蒸汽凝固时释放的大量汽化潜热可迅速提高灭菌物品的温度等多方面的原因，导致在同样温度和相同作用时间下，湿热灭菌比干热灭菌效果要好，因此湿热灭菌所需要的温度和时间（110～120℃，20～30 min）比干热灭菌的（150～170℃，1～2 h）要低。

四、实验操作步骤

（一）玻璃器皿的洗涤

实验中所需的玻璃器皿在使用前必须洗刷干净。将三角瓶、试管、培养皿、量筒等玻璃器皿浸入含有洗涤剂的水中，用毛刷刷洗，然后用自来水及蒸馏水冲洗干净。移液管先用含有洗涤剂的水浸泡，再用自来水及蒸馏水冲洗。洗刷干净的玻璃器皿置于烘箱中烘干后备用。

（二）液体及固体培养基的配制

1. 液体培养基的配制

（1）称量　先按培养基配方及所需配制的培养基的量计算出各培养基成分的用量，然后准确称量各组分。

（2）溶解　取一清洗干净的烧杯，先加入总用量一半左右的水（根据需要可选用自来水或蒸馏水），将称好的药品依次加入，边加边用玻璃棒搅拌，直至所有药品完全溶解。如需要，可以加热促进溶解。

> **操作规范与注意事项**
>
> 一般用 0.01 g 精度的天平称量配制培养基所需的各种药品即可。用量特别少的药品，可预先配成浓缩一定倍数的母液，配制培养基时按比例吸取一定体积的母液，加入至培养基中即可。
>
> 按培养基配方顺序称量和加入培养基各组分。对于在一起易形成沉淀（如磷酸盐与钙镁离子）或发生化学反应（如还原糖与含氨基的蛋白质、氨基酸等）的组分，可以考虑分开灭菌后再混合。
>
> 为了防止加热溶解时造成糊底现象，可以先将一部分水加入烧杯中，然后再逐一称量加入各种药品，并且每加入一种药品均用玻璃棒搅拌均匀。对于加热过程中特别容易造成糊底的成分，如淀粉或玉米粉等，可以先用少量冷水调成乳，待水煮沸后再边搅拌边加入培养基中。

（3）定容　　待全部药品溶解后，冷却，然后倒入量筒中，用自来水或蒸馏水补充至所需体积。

（4）调 pH　　培养基的 pH 用 pH 试纸测定即可。用镊子夹取一小段 pH 试纸，蘸取少量培养基，查看其 pH 范围，如培养基偏酸或偏碱时，可用 1 mol/L NaOH 或 1 mol/L HCl 溶液进行调节。

> ⚠ **操作规范与注意事项**
>
> 　　培养基定容和调节 pH 二者顺序可以互换，尤其用蒸馏水配制培养基时影响更小。无论是先定容，还是先调 pH，建议待加热溶解的培养基冷却后再进行，因为温度对培养基的 pH 和体积有一定影响。
> 　　调节 pH 时，应逐滴加入 NaOH 或 HCl 溶液，边加边搅拌，防止局部过酸或过碱，破坏培养基中的营养成分。同时，随时用 pH 试纸测试，防止用酸碱反复回调，改变培养基中的盐浓度，而造成培养基渗透压的改变。

2. 固体培养基的配制

配制固体培养基时，应将已配好的液体培养基加热煮沸，然后加入 1.5%～2%（m/V）的琼脂粉，边加边用玻璃棒不断搅拌，以免糊底烧焦。继续加热至琼脂全部熔化，最后补足因蒸发而失去的水分。

> ⚠ **操作规范与注意事项**
>
> 　　如果直接配制固体培养基，不要将琼脂与其他药品一起称量加入（即不要在加热溶解其他药品时一起加入琼脂），一定要在调节 pH 后再加入琼脂，这样一是为了预防可能因培养基过酸或过碱而在加热时造成琼脂水解，二是琼脂的存在会给 pH 调节带来不便。

（三）培养基的分装

1. 定量分装试管

有时需要在试管中定量分装一定体积的培养基，如后续实验中乳糖胆盐液体发酵管培养基。下面就以乳糖胆盐液体发酵管培养基的分装为例，介绍液体培养基定量分装试管。

（1）准备试管　　取若干支干净的试管，置于试管架上（乳糖胆盐液体发酵管还需要往试管中加入倒置的杜氏小管）。

（2）分装　　取一支干净的 10 mL 移液管，吸取规定体积的待分装培养基，将移液管插入试管内管口下约 5 cm 处，将培养基放入试管中。加试管塞，每组 10 支包扎，高压蒸汽灭菌备用。

2. 非定量分装试管

在制备固体培养基斜面或半固体穿刺培养基时,则往往只需要在试管中进行不定量分装。

取一个玻璃漏斗,装在铁架上,漏斗下连一根橡胶管,橡胶管下端再与一尖嘴玻璃管相接,橡胶管的中部加一弹簧夹(图 10-1)。

分装时,先将液体培养基或加热熔化好的固体培养基加入上方漏斗中。用左手拿住空试管中部,并将漏斗下的玻璃管嘴插入试管内,以右手拇指及食指开放弹簧夹,中指及无名指夹住玻璃管嘴,使培养基直接流入试管内。

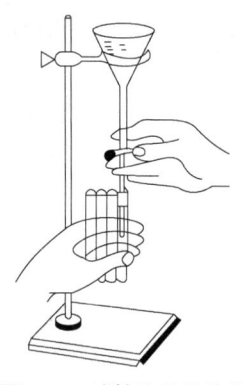

图 10-1　试管分装培养基

⚠ 操作规范与注意事项

无论定量还是非定量分装,分装时都要注意不要使培养基沾污试管口,以免后续培养时造成污染。如操作不小心,培养基沾污试管口,可用一小块脱脂棉或吸水纸拭去试管口上的培养基。

不定量分装时,分装培养基的量视试管大小及需要而定,一般液体培养基分装至试管高度 1/4 左右为宜;制作斜面时,固体培养基的分装量为 3~5 mL (管高 1/5~1/4);半固体穿刺培养基分装量则建议略多一些,可以至管高的 1/3 左右,但不宜超过管高的 1/2。

分装固体或半固体培养基时,在琼脂完全熔化后,应趁热分装于试管中。整个分装操作要快速,以免培养基凝固。

3. 分装三角瓶

用量筒量取一定体积的液体培养基或熔化好的琼脂培养基(趁热),在尽量不沾污瓶口的情况下,倒入三角瓶中。加塞、包扎、高压蒸汽灭菌备用。

用于振荡培养微生物时,不可装液量太大,以免造成通气量不足或振荡培养时溅到瓶口或瓶塞导致污染杂菌。一般 250 mL 容积的三角瓶中分装 20~50 mL 液体培养基。而分装固体培养基时,则可以稍微多分装一些,一般 250 mL 三角瓶中可装入 100~150 mL 固体培养基,但也不要装得太满,以免灭菌不彻底或沾染到瓶口导致污染杂菌。

(四)玻璃器皿的包扎

1. 试管的包扎

将分装有培养基或无菌水的试管或空试管,塞上自制的棉塞或合适大小的硅胶塞,每 7 支或 10 支一捆,外面包上一层牛皮纸,用线绳或橡皮筋进行捆扎。用记号笔注明培养基名称及配制日期,高压蒸汽灭菌待用。

> ⚠ **操作规范与注意事项**
> 　　试管每7支或10支一捆,便于捆牢,如果不足7支或10支,建议用空试管凑足后进行包扎。
> 　　牛皮纸覆盖于试管塞上方,其折叠方向最好和线绳捆扎方向一致,以免线绳包扎时牛皮纸破损。
> 　　用线绳或橡皮筋进行捆扎时,要捆扎在距试管口下方3~5 cm处,不可捆扎在棉塞或硅胶塞上。

2. 三角瓶的包扎

将分装有培养基、蒸馏水、生理盐水或缓冲液的三角瓶塞好自制的棉塞或硅胶塞,在外面包上一层牛皮纸,用线绳或橡皮筋进行捆扎。用记号笔注明培养基名称及配制日期,高压蒸汽灭菌待用。

在进行液体摇瓶振荡培养时,为了加大通气量,一般用6层或8层纱布代替棉塞,或用带有特制通气滤芯的硅胶塞代替普通硅胶塞。当用多层纱布代替棉塞时,包扎时,将多层纱布覆盖在瓶口上,用食指将纱布中央压入瓶口中,四角向内折叠,制成瓶塞,然后外面用牛皮纸包扎。接种后,将多层纱布向外侧展开,向下拉平,用线绳或橡皮筋扎紧即可。

3. 培养皿的包扎

培养皿一般每包10套或12套用双层报纸进行包扎后进行干热灭菌,或多套叠在一起直接置于特制的铁皮圆筒内加盖灭菌。

(1) 用报纸进行包扎　　将一张折叠成双层的报纸平铺在操作台上,取10套或12套培养皿按同一方向放置在报纸的一端(可将最后一套培养皿反转使两侧都是皿盖朝外),两手食指和中指稍用力将培养皿向内挤紧,同时用双手大拇指将报纸呈圆筒状包住培养皿进行旋转,每旋转一定角度(约70°)用食指和中指将报纸向下折叠。当所有报纸都旋转折叠完毕后,将最后的报纸折叠好即可。

(2) 用铁皮圆筒包扎　　将多套培养皿倒置(即皿盖在下)垂直叠成一排,右手持铁皮圆筒从上方套住这些培养皿,左手托住最下方培养皿的皿盖,将培养皿和铁皮圆筒反转,盖上铁筒盖灭菌即可。

4. 移液管的包扎

(1) 加棉花　　取少许棉花放在移液管的上端,用一端拉直的曲别针将这一小段棉花塞入管口内约0.5 cm处,棉花自身长度1~1.5 cm。

> ⚠ **操作规范与注意事项**
> 　　棉花的作用是吹吸菌液时避免外界及口中杂菌进入管内,并防止菌体等吸入口中。需要用普通棉花,勿用脱脂棉。
> 　　棉花要塞得松紧适宜,以吹吸时既能通气而又不使棉花滑下为宜。

（2）包扎　　先将报纸裁成宽约 5 cm 的长纸条，在其一端 2～3 cm 处向内折叠成双层，然后将已塞好棉花的移液管的下方尖端以约呈 45°夹角放在该处，再次折叠纸条端部包住移液管尖端。用左手握住移液管身，右手将移液管压紧，并同时在台面上向前搓转，以螺旋式将移液管用报纸包扎起来。上端剩余纸条，折叠打结，包扎好后灭菌备用。

（五）培养基高压蒸汽灭菌

培养基经分装包扎后，应立即按配制方法规定的灭菌条件进行高压蒸汽灭菌。

实验室常用的灭菌锅有非自控手提式高压蒸汽灭菌锅和自控式灭菌锅，其结构和工作原理是相同的。自控式灭菌锅的使用可参考厂家使用说明书，这里介绍的是非自控手提式高压蒸汽灭菌锅。具体操作步骤如下：

（1）加水　　首先将内层锅胆取出，再向外层锅内加入适量的水，使水面完全浸没加热蛇管，与搁架相平为宜。

⚠ 操作规范与注意事项

无论使用自控式还是非自控式灭菌锅，要养成一个良好的习惯，即在装料前一定要检查灭菌锅的水位！无论何种类型的灭菌锅，如果灭菌锅中水量过少，加热管都会因发生烧干而引起炸裂事故。但加水量也不宜太多，应与搁架相平为宜。否则，灭菌后的物品很容易太过潮湿。

（2）装料　　放回内层锅，将待灭菌的物品装入内锅中。

⚠ 操作规范与注意事项

注意不要装得太满太挤，以免妨碍蒸汽流通而影响灭菌效果。

装有培养基、生理盐水或缓冲液等液体的试管或三角瓶，放置时要尽量竖直放置，不要倾倒，防止液体或加热熔化的固体培养基溢出。三角瓶与试管口端均不要与桶壁接触，以免冷凝水淋湿包扎的纸而透入到内部的试管塞或三角瓶塞上，进而影响灭菌效果。

（3）加盖　　将盖上与排气孔相连的排气软管插入内层锅的排气槽内，摆正锅盖，对齐螺口，然后以对称方式同时旋紧相对的两个螺栓，使螺栓松紧一致，勿使其漏气，并打开排气阀。

（4）排气　　打开电源加热灭菌锅，将水煮沸，使锅内的冷空气和水蒸气一起从排气孔中排出。一般认为当排出的气流很强并有连续稳定的"嘘"声时，表明锅内的空气已排尽，排气大约需要 5 min。

⚠ 操作规范与注意事项

如果不是单旋钮式旋紧方式的灭菌锅（目前灭菌锅基本都是这种旋紧方式），要采取对称旋紧方法，以防漏气。

高压蒸汽灭菌法起灭菌作用的根本因素是高温蒸汽而不是压力，因此锅内的冷空气必须完全排尽，才能关闭排气阀，进行后续的升压和保压。否则，会导致在压力表达到设定压力时，水蒸气却未能达到灭菌所需要的温度，影响灭菌效果。由于冷空气会沉在下方，因此，对于非自控式灭菌锅，要保证排气软管插入底部。

（5）升压　　冷空气完全排尽后，关闭排气阀，继续加热，锅内压力开始上升。

（6）保压　　当压力表指针达到所需压力时，开始计时，并控制电源维持压力至所需的时间。

（7）降压　　达到灭菌所需的时间后，切断电源，让灭菌锅温度自然下降，当压力表的压力降至"0"后，方可打开排气阀，排尽余下的蒸汽，旋松螺栓，打开锅盖，取出灭菌物品。

⚠ 操作规范与注意事项

无论采用哪种类型的高压蒸汽灭菌锅，一定要等到压力表指针降到"0"后，才可以打开排气阀和打开锅盖取出灭菌物品。否则就会因锅内压力突然下降，使容器内的培养基或试剂由于内外压力不平衡而冲出容器口，造成瓶口被污染，甚至灼伤操作者。

此外，使用高压蒸汽灭菌锅，即使是使用全自动高压灭菌锅进行灭菌时，灭菌过程中实验室一定要保持有人在现场，以免由于设备异常导致压力失控造成爆炸。

所有使用高压灭菌锅进行灭菌操作的人员，都要确保接受过高压设备操作培训，符合实验室安全管理规定。

（8）无菌检查　　将已灭菌的培养基放入37℃恒温培养箱培养24 h，检查无杂菌生长后，即可使用。

⚠ 操作规范与注意事项

科研工作者对于自己每一步实验工作建立工作质量检查与控制体系是十分必要的，也是一个良好的习惯。因此，培养基灭菌后，最好随机抽取1或2管（瓶）培养基恒温培养，进行无菌检查。这样，一旦在后续实验过程中发现污染杂菌，便于分析染菌原因。

⚠ 操作规范与注意事项

堆积待灭菌物品时不要摆放得太满太挤,要留有空隙,以免妨碍空气流通,使局部温度不均匀,影响灭菌效果。

灭菌物品不要接触电热烘箱内壁和温度探头等,以防止影响箱内温度控制,包装纸烤焦起火。

(六)玻璃器皿的烘箱干热空气灭菌

包扎好的移液管、空试管和培养皿等玻璃器皿一般采用电热烘箱干热空气灭菌法进行灭菌。具体操作步骤如下。

(1)装入待灭菌物品　将包扎好的待灭菌物品放入电热烘箱内,关好箱门。

(2)设定与升温　接通电源,打开开关,适当打开电热烘箱顶部的排气孔,并打开风机。设定所需要的温度与时间(一般160~170℃,2 h),按下"开始"按钮开始加热升温。

(3)恒温　当温度升到160~170℃时,借助恒温调节器的自动控制,保持此温度2 h。

(4)降温　切断电源,自然降温(目前电热烘箱一般会在保温到设定时间后自动停止加热并降温)。

(5)开箱取物　待电热烘箱内温度降到60℃以下后,打开箱门,取出灭菌物品。

⚠ 操作规范与注意事项

在采用烘箱干热空气灭菌过程中,要保证实验室一直有人在现场,以免因设备的温度自动控制系统失灵而造成火灾等安全事故。

在电热烘箱内温度尚未降到60℃以前,切勿打开电热烘箱的箱门,以免骤然降温导致玻璃器皿炸裂,甚至破裂的碎片飞出烘箱造成安全事故,这点在实验室气温较低时尤为重要,切记!

(七)斜面和平板的制作

1. 斜面的制作

将经高压蒸汽灭菌装有固体培养基的试管,从高压灭菌锅取出后趁热置于玻璃棒或其他物体上,使成适当斜度,凝固后即成斜面(图10-2)。

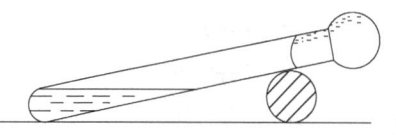

图10-2　斜面的制作

⚠ 操作规范与注意事项

斜面长度以试管长度 1/4~1/3 为宜，最大也不超过试管长度的 1/2。

最好在灭菌前将固体培养基分装在试管中，灭菌后趁热制备斜面，不建议将固体培养基和空试管分别单独灭菌，灭菌后再分装入试管，制作斜面。灭菌后增加一个分装操作就增加了一次污染杂菌的机会。

2. 平板的制作

（1）熔化培养基　　将装在三角瓶或试管中已灭菌的琼脂培养基熔化后，冷却至 50℃左右，备用。

（2）制作平板　　左手拿起一套培养皿，端平，置于酒精灯火焰旁的无菌区。右手拿起装有培养基的三角瓶或试管的底部，使瓶（管）口靠近酒精灯火焰无菌区。用左手的小指和手掌将瓶塞或试管塞拔下，灼烧瓶（管）口，用左手中指从下方托平培养皿，左手大拇指和食指将培养皿盖打开一个小缝，至瓶口正好伸入，倾入 10~15 mL 熔化并保温的固体培养基（培养基大约覆盖培养皿底部 3/4 以上），迅速盖好皿盖，将培养皿置于实验台面或超净工作台台面上，轻轻旋转培养皿，使培养基均匀分布整个皿底中，冷凝后即制成平板。

⚠ 操作规范与注意事项

整个操作过程严格执行无菌操作规范，如所有操作在超净工作台和（或）酒精灯火焰保护下进行；培养皿要平端，缝不要打开太大，确保培养皿内部几乎不直接暴露于空气中，而是大多都在皿盖的保护之内。

制作平板时培养基温度既不要太高，也不可过低，前者会造成平板冷凝水太多，后者可能造成因培养基凝固而无法制作平板。

培养皿倒入培养基后，轻轻旋转培养皿，使培养基均匀覆盖培养皿底部即可，不可摇动或旋转幅度太大，以免培养基溅至培养皿底边缘，增大后续污染杂菌的可能性。

在静置待凝期间，尽量不要摇动或移动培养皿，以免造成平板表面不平整，影响后续使用。在培养基开始凝固时，不可再补加培养基，否则会造成平板表面不平整或者造成平板明显分层。

五、实验内容与实验报告

1）根据要求清洗移液管、培养皿和试管等各种玻璃器皿，并分别进行包扎。

2）根据后续实验需要配制各种培养基、生理盐水及无菌水等，并按后续实验要求对各种培养基进行分装、包扎。

3）用电热鼓风烘箱对玻璃器皿等进行干热灭菌。

4）用高压蒸汽灭菌法对所配制的各种培养基和生理盐水等进行灭菌。

六、思考题

1）简述移液管和培养皿包扎的注意事项。

2）简述配制培养基的基本步骤及注意事项。

3）为什么微生物学实验室所用的移液管口的上端需要塞入一小段棉花，再用报纸包起来，经灭菌后才能使用？

4）为什么微生物学实验室所用的三角瓶口或试管口都要塞上棉塞或硅胶塞才能灭菌后使用？

5）高压蒸汽灭菌为什么比干热灭菌要求温度低、时间短？

七、延伸学习

1）了解微生物学实验室常用的其他灭菌消毒方法，并与本实验所采用的方法进行比较。

2）了解微生物学实验中一些常用培养基的配制方法。

实验十一
平板菌落计数法

一、目的要求

学习和掌握平板菌落计数法的原理和方法。

二、实验材料

（1）菌液　　大肠杆菌（*Escherichia coli*）悬液。
（2）培养基与试剂　　营养琼脂培养基、无菌生理盐水等。
（3）其他　　无菌移液管、无菌空试管、无菌培养皿、无菌吸管等。

三、实验原理

平板菌落计数法是一种根据适度稀释的菌悬液在固体平板上形成的菌落数而测定菌液中活菌数的方法，常用于微生物生理学研究中微生物生长的测定（如细菌生长曲线测定、培养基及培养条件优化或环境因子对微生物生长影响等）及样品中微生物数量的测定（如环境样品微生物分析、水和饮料及食品样品的卫生细菌学检验等）。

平板菌落计数法的原理基于以下两点：①固体平板上的菌落均是由一个活的微生物单细胞经无性繁殖而形成的；②任何一个活的微生物单细胞都可以在固体平板上形成一个菌落。为了尽量保障这两点同时成立，需要微生物呈单细胞状态均匀分散在固体平板上，并且彼此之间保持一定间距以使每个微生物细胞有足够的营养与生长空间形成相互独立的单菌落。因此，需要将样品制备成分散均匀的单细胞或单孢子悬液，如需要可以对样品预先用玻璃珠进行打散。同时，为了进一步确保微生物细胞处于分散状态，并使菌体处于比较适宜的浓度，一般还需要对样品进行适度稀释。然后，用一定量的稀释液倾注或涂布于固体平板上，从而保障微生物单细胞均匀分散，并在培养后，每一个活细胞可以形成一个单菌落。统计平板上形成的菌落数，根据稀释的倍数及固体平板的接种量即可计算出样品中的活菌数。目前，一般用菌落形成单位（colony-forming unit，CFU）来表示这种方法所测定的菌体浓度。

由于丝状微生物（如放线菌和霉菌）的菌丝体生长无法满足平板菌落计数法

的上述两点要求,因此,该方法不适于测定丝状微生物菌丝体的生长或菌量,只适用于非丝状单细胞微生物(如细菌和酵母菌)菌悬液或丝状微生物的单孢子悬液的测定。

四、实验操作步骤

(1)分装生理盐水　取3支干燥的无菌空试管(烘箱干热空气灭菌或高压蒸汽灭菌后烘干),排列于试管架上,依次标明10^{-1}、10^{-2}、10^{-3},并用一支10 mL无菌移液管向各空试管中分别加入9 mL无菌生理盐水。

(2)梯度稀释　用1 mL无菌移液管精确地吸取1 mL已充分混匀的菌悬液,注入10^{-1}试管中。然后另取1支无菌移液管,于10^{-1}试管中来回吹吸3次,使之混匀,即成10^{-1}稀释液。再从10^{-1}试管中吸取1 mL注入10^{-2}试管中,重复上述操作,直至制成10^{-3}稀释液。

> ⚠ 操作规范与注意事项
>
> 分装生理盐水与梯度稀释操作严格按照无菌操作规范进行。
>
> 使用无菌移液管时,需要养成一个良好的习惯,即在使用前首先检查在移液管的上端是否塞有棉花。
>
> 进行菌悬液梯度稀释时,需要注意以下问题:①每个稀释度需要更换一支新的无菌移液管;②在每次取样前一定要吹吸混匀或振荡混匀;③将高浓度菌液注入下一稀释度的试管中时,要在液面上方直接吹入,移液管不要进入下一稀释度无菌生理盐水液面内部,否则,移液管外部所携带的高浓度菌液会进入下一个稀释度,从而造成稀释不准确。
>
> 将稀释时所用的移液管重新插回原来包扎的报纸套中,这些移液管还可以再用于后续倾注平板时的取样,建议在使用前在报纸套上对移液管进行编号。

(3)取样　取无菌培养皿9套,每3套为一组,在每组皿底分别标注10^{-1}、10^{-2}、10^{-3}。用3支1 mL无菌移液管分别吸取上述10^{-1}、10^{-2}和10^{-3}稀释液各1 mL,对号放入编好号的无菌培养皿中,每个稀释度3个重复。

(4)倾注平板　尽快向上述盛有不同稀释度菌液的平皿中倒入熔化后冷却至45℃左右的营养琼脂培养基,每皿约15 mL,置操作台水平位置迅速轻轻旋转培养皿,使培养基与菌液混合均匀。静置于操作台上待凝。

(5)培养　待培养基凝固后,倒置于37℃恒温培养箱中培养24 h。

(6)计数　分别对各平板上生长的菌落进行计数,计算出同一稀释度3个平板上菌落的平均数,按下述报告原则计算并报告实验结果。

⚠ 操作规范与注意事项

取样和倾注平板操作严格按照无菌操作规范进行。

如果取样用梯度稀释时所用的无菌移液管，注意一定要用同一移液管吸取对应的稀释液。

将菌液加入培养皿后，要尽快倾注平板，否则，由于菌液在培养皿底风干，不利于后续与培养基的混匀。

倾注平板时培养基温度一定不要太高，否则会造成部分菌体细胞受热死亡，从而影响计数结果。建议将预先熔化好的固体培养基置于45℃左右的恒温水浴锅中保温，倾注平板时直接取出使用。也可以将熔化并冷却的培养基置于手背上试温，若感觉烫但却可以忍受即可以倾注平板。

培养皿倒入培养基后，要迅速在台面上轻轻旋转培养皿，使培养基与菌液混合均匀。不可左右摇动培养皿或旋转幅度太大，以免培养基荡出培养皿或溅到皿盖上，造成染菌或计数不准确。

倾注平板时，菌体细胞会处于固体平板的不同位置，形成不同形态的菌落。例如，处于培养基表面的菌体会形成较大而典型的菌落；处于固体培养基内部的菌体细胞，由于固体培养基的挤压作用，会形成较小的针状菌落；而处于培养皿底部的细菌则形成大而模糊（薄）的菌落。在计数时，这三类菌落都需要进行计数。

平板菌落计数（CFU）报告原则如下。

1）如果有且只有一个稀释度的平均菌落数为30~300，则选择该稀释度的平均菌落数乘以稀释倍数进行报告（表11-1示例1）。

2）如果两个稀释度的平均菌落数均在30~300，则应分别由平均菌落数和稀释倍数计算出样品的菌体浓度，并视二者之比值确定CFU报告方式。如果二者比值不大于2.0，应报告二者的平均数（表11-1示例2）；如果二者的比值大于2.0，则报告二者中较小的数字（表11-1示例3）。

3）如果所有稀释度平板上的平均菌落数均大于300，则应以最高稀释度的平均菌落数乘以稀释倍数进行报告（表11-1示例4）。

4）如果所有稀释度平板上的平均菌落数均小于30，则应以最低稀释度的平均菌落数乘以稀释倍数进行报告（表11-1示例5）。

5）如果所有稀释度平板上的平均菌落数均不在30~300，并且其中一些稀释度大于300，另外的稀释度则小于30，则应以最接近30或300的平均菌落数乘以稀释倍数进行报告（表11-1示例6）。

6）活菌总数（或菌落形成单位CFU）在100个/mL以内，则按实有数报告；大于100个/mL时，采用两位有效数字，后面的数字四舍五入处理，为了缩短数字的长度，一般用科学记数法进行报告（保留2位有效数字，见表11-1最右一列）。

表11-1　菌落形成单位（CFU）的报告方式

示例	各稀释度平均菌落数			两稀释度菌落之比	CFU/(个/mL)	报告数/(CFU/mL)
	10^{-1}	10^{-2}	10^{-3}			
1	1 365	164	20	—	16 400	1.6×10^4
2	2 760	295	46	1.6	37 750	3.8×10^4
3	2 890	271	60	2.2	27 100	2.7×10^4
4	不可计	4 650	510	—	510 000	5.1×10^5
5	27	11	5	—	270	2.7×10^2
6	不可计	305	12	—	30 500	3.1×10^4

五、实验内容与实验报告

1）用平板菌落计数法测定所给样品中细菌的含量。
2）记录各稀释平板上的菌落数，并计算出样品中的细菌含量。

六、思考题

1）为什么熔化后培养基要冷却到45℃左右方可倒平板？过冷或过热会造成什么后果？
2）为使平板菌落计数准确，需要掌握哪几个关键点？
3）同一酵母菌培养液用血球计数板和平板菌落计数法同时计数，所得结果是否一样？为什么？进一步比较两种计数法的优缺点。
4）为何进行平板菌落计数时，一般用倾注平板法？是否可以用涂布平板法？二者各有哪些优缺点？如果对严格好氧菌（如枯草芽孢杆菌）进行平板菌落计数，你认为采取哪种方法更合适？
5）一般对细菌浓度进行平板菌落计数时，会选用菌落数在30~300范围内的稀释度进行统计和计算菌体浓度，试分析平板上菌落数过高或过低分别会给计数结果带来哪些影响？

七、延伸学习

了解微生物学实验室常用的测定微生物生长或菌体含量的方法，并与平板菌落计数法进行比较。

实验十二
水中大肠菌群数的测定

一、目的要求

学习大肠菌群数的检测原理和方法。

二、实验材料

（1）样品　水样。
（2）培养基　乳糖胆盐发酵管培养基（配方见附录二）、伊红美蓝（EMB）琼脂培养基（配方见附录二）、乳糖发酵管。
（3）其他　无菌具塞三角瓶、显微镜、酒精灯、无菌移液管、接种环、载玻片等。

三、实验原理

肠道病原菌大多是通过人畜的粪便污染水源而传播的，因此防治饮用水传染病的关键是要防止水源被粪便污染。由于水中存在病原菌可能性很小，直接检测它们的存在是非常困难的，因此，需要选择一种指示菌作为水的卫生细菌学指标。

由于大肠菌群细菌具有以下特点：①在粪便中的数量远大于致病菌，不会漏检；②生理与生态学习性与肠道病原菌类似，在外界的生存时间与肠道病原菌基本一致；③检验方法比较简单方便。因此，一般采用测定大肠菌群的数量来作为水体被粪便污染的标志。如果水中大肠菌群细菌超过了一定的数量，则说明水体可能已被粪便污染，并有可能含有病原菌。我国《生活饮用水卫生标准》（GB5749—2022）关于饮用水的卫生标准规定，总大肠菌群不应检出。

大肠菌群细菌是一群好氧或兼性厌氧的、能在37℃条件下于24～48 h内发酵乳糖产酸产气的、革兰氏阴性的无芽孢杆菌的总称，一般包括大肠埃希菌、产气杆菌、柠檬酸盐杆菌和副大肠杆菌等。检测大肠菌群的方法有最大可能数（most possible number，MPN）法和膜滤培养法两种，其中MPN法是标准分析法之一，为大多数卫生单位、饮用水厂、饮料生产企业等进行卫生细菌学检验所采用。它包括初发酵试验、EMB平板划线分离验证、革兰氏染色验证和复发酵试验等几个部分。

四、实验操作步骤

（1）采样　　取自来水样时，至少应先放水 5 min，以冲去龙头口所带的微生物，获得主流管中有代表性的水样。取样时，用右手握瓶，左手启开瓶塞，用覆盖瓶口的纸托住瓶塞，收集样品后，连同覆盖纸一起将瓶口塞好，并用线绳在原处扎好。

在静水中取样时，先用右手揭去塞子，瓶口朝下浸入水下约 30 cm 处，然后将瓶子反转过来，待水注满后，取出塞好瓶口。如果水在流动，瓶口必须迎着水流，以免手上的细菌被水冲进瓶子。

> ⚠ **操作规范与注意事项**
>
> 取样时，注意手指不得触及瓶口内部，以免手上的细菌污染水样。
> 由于水样在放置过程中，其内含的细菌数目和类型会发生变化，因此，水样要及时进行分析。如果的确需要储存，则应低温（4～7℃）储存，并且储存时间不要超过 6 h。

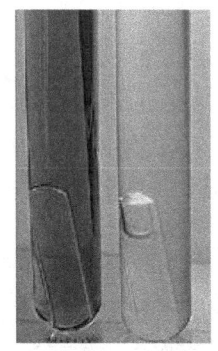

图 12-1　初发酵试验结果
左：阴性管；右：阳性管　　彩图

（2）初发酵试验　　在无菌操作条件下，用无菌移液管吸取一定体积的待检样品接种于乳糖胆盐发酵管培养基内。本实验采用 9 管法，即用连续 3 个稀释度（如 10 mL、1 mL、0.1 mL 或 1 mL、0.1 mL、0.01 mL）接种，每一稀释度接种 3 管，另外一管不接种，作为阴性对照。如果需要接种 10 mL 水样，则采用乳糖胆盐双料发酵管（见附录二），而 1 mL 及 1 mL 以下接种量采用单料管。置于 35～37℃培养 24 h，观察是否产酸、产气［培养液变黄，小试管内有气泡（图 12-1）］。将产酸、产气的发酵管按下列程序继续进行。

> ⚠ **操作规范与注意事项**
>
> 所有接种操作严格按无菌操作规范进行。
> 接种后可以用双手手掌轻轻搓转试管，或者右手持试管在左手掌心中轻轻振荡，将水样与乳糖胆盐发酵管培养基混匀。注意混匀时不要使发酵管中倒置的小试管中产生气泡。

（3）在 EMB 平板上划线分离验证　　取初发酵试验中产酸、产气的发酵管中的培养液在 EMB 平板上划线分离，倒置于 35～37℃恒温培养箱中培养 18～24 h。

（4）革兰氏染色及镜检　　于上述平板上长出的菌落中挑取 1 或 2 个大肠菌群

实验十二 水中大肠菌群数的测定

可疑菌落进行革兰氏染色和镜检观察。

（5）复发酵试验　　将上述镜检的菌落同时接种于乳糖发酵管，35~37℃培养24 h，观察产酸、产气情况。

（6）结果观察及报告　　凡是在乳糖胆盐发酵管初发酵试验中产酸、产气，并能在 EMB 平板上生长形成具特定特征的菌落，且为革兰氏染色阴性、无芽孢杆菌，在复发酵试验中也产酸、产气的，即说明初发酵管接种的样品中有大肠菌群细菌的存在，结果报告大肠菌群阳性；其中有任何一项不符的，即说明样品中无大肠菌群的细菌存在，结果报告为大肠菌群阴性（图 12-2）。

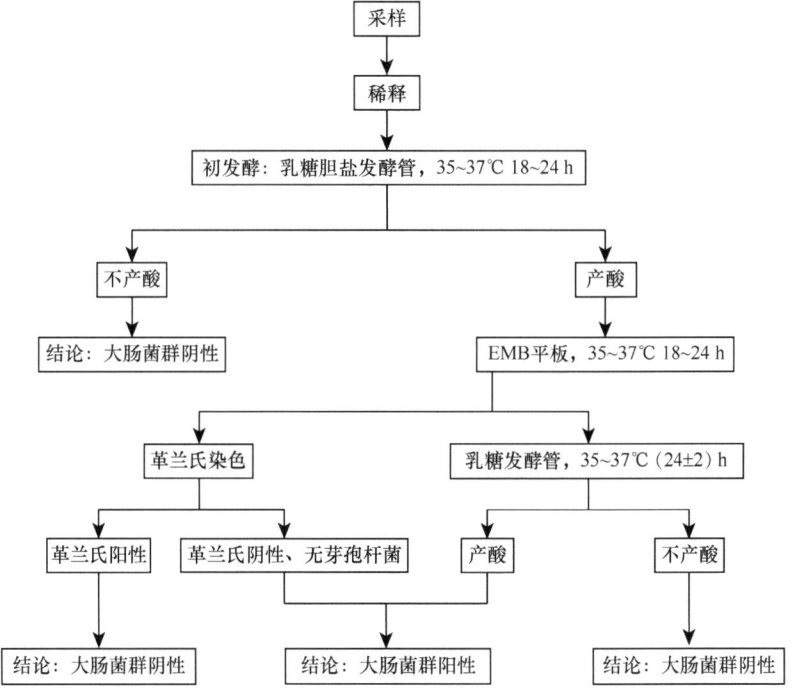

图 12-2　大肠菌群检验试验程序

根据有大肠菌群细菌存在的初发酵管的管数，查相应的大肠菌群细菌的最大可能数检索表（表 12-1），报告每 100 mL 待检样品中大肠菌群细菌的最大可能数（MPN/100 mL）。

表 12-1　大肠菌群细菌的最大可能数检索表

阳性管数/管			MPN/100 mL	阳性管数/管			MPN/100 mL
1.0×3	0.1×3	0.01×3		1.0×3	0.1×3	0.01×3	
0	0	0	<30	0	0	2	60
0	0	1	30	0	0	3	90

续表

阳性管数/管			MPN/100 mL	阳性管数/管			MPN/100 mL
1.0×3	0.1×3	0.01×3		1.0×3	0.1×3	0.01×3	
0	1	0	30	2	0	2	200
0	1	1	60	2	0	3	260
0	1	2	90	2	1	0	150
0	1	3	120	2	1	1	200
0	2	0	60	2	1	2	270
0	2	1	90	2	1	3	340
0	2	2	120	2	2	0	210
0	2	3	160	2	2	1	280
0	3	0	90	2	2	2	350
0	3	1	120	2	2	3	420
0	3	2	160	2	3	0	290
0	3	3	190	2	3	1	360
1	0	0	40	2	3	2	440
1	0	1	70	2	3	3	530
1	0	2	110	3	0	0	230
1	0	3	150	3	0	1	390
1	1	0	70	3	0	2	640
1	1	1	110	3	0	3	950
1	1	2	150	3	1	0	430
1	1	3	190	3	1	1	750
1	2	0	110	3	1	2	1 200
1	2	1	150	3	1	3	1 600
1	2	2	200	3	2	0	930
1	2	3	240	3	2	1	1 500
1	3	0	160	3	2	2	2 100
1	3	1	200	3	2	3	2 900
1	3	2	240	3	3	0	2 400
1	3	3	290	3	3	1	4 600
2	0	0	90	3	3	2	11 000
2	0	1	140	3	3	3	≥24 000

五、实验内容与实验报告

用 MPN 法检测所给水样中大肠菌群细菌数,并报告水样中大肠菌群细菌检验的实验数据及查表计算后大肠菌群的含量。

六、实验报告和思考题

测定水中大肠菌群数有什么实际意义？为什么选用大肠菌群作为水的卫生指标？

七、延伸学习

了解测定水中大肠菌群细菌可以采用的其他方法并与本实验所采用的方法进行比较。

实验十三
酵母菌对糖类的发酵和对氮源的利用

一、目的要求

1）学习测定酵母菌对糖类发酵和对氮源利用的原理与方法。
2）学习并掌握微生物接种的无菌操作技术。

二、实验材料

（1）菌种　　酿酒酵母（*Saccharomyces cerevisiae*）斜面培养物。
（2）培养基　　酵母菌糖发酵管［酵母菌无碳基础培养基（配方见附录二）＋2%（m/V）待测糖，内含倒置杜氏小管］，酵母菌氮源利用培养基［酵母菌无氮基础培养基＋0.5%（m/V）待测氮源］。
（3）其他　　酒精灯、接种环等。

三、实验原理

不同的酵母菌对各种糖类的发酵和利用能力差别很大，这是酵母菌分类鉴定的重要生理学指标之一，也是酿造工业中鉴别生产酵母菌和野生酵母菌的一种常用方法。由于酵母菌发酵糖类后会生成乙醇和CO_2，因此，在酵母菌无碳基础培养基中加入某种糖，配制成糖发酵管液体培养基，然后接种酵母菌进行静置培养，可以通过观察有无气体生成来判断酵母菌能否发酵该糖。

由于其体内酶系不同，不同的酵母菌对不同氮源物质的利用能力也不尽相同。了解酵母菌对氮源物质的需求，不但有助于对酵母菌进行分类鉴定，而且对发酵培养基的设计也可提供依据。在无氮的基础培养基中添加一种氮源物质作为唯一氮源，并接种酵母菌进行培养，根据酵母菌能否生长及生长的程度可以判断酵母菌对该氮源物质能否利用及利用的能力。

四、实验操作步骤

1. 酵母菌对氮源的利用

（1）标注　　取各种待测氮源培养基斜面和对照（不加任何氮源的无氮基本培

养基）各 1 支，用记号笔或标签标注氮源种类后，分别置于试管架上。

（2）接种　　分别取菌种斜面和待接种的不同氮源培养基斜面各 1 支，按斜面转接的无菌操作规范进行接种。

> ⚠ **操作规范与注意事项**
>
> 所有接种操作严格按无菌操作规范进行。
>
> 取菌时菌量不要太多，用接种环轻轻碰触斜面上的菌苔即可，接种时在斜面中央从下部轻轻拉一条直线。本实验接种量不易过大，否则会在培养后无法判断菌体是否生长。为方便判断，也可以用酵母菌培养液离心洗涤后，用无菌生理盐水重悬制备成菌悬液进行接种。

（3）培养　　将上述接种好的各种氮源培养基斜面，置于 25~28℃恒温培养箱中培养 5~7 d。

（4）结果观察　　观察酵母菌在各种培养基上的生长情况，并与对照管比较，判断酵母菌能否利用各种氮源物质生长，并记录。

2. 酵母菌对糖类的发酵

（1）接种　　取各种糖发酵管和对照管（不加糖）各 1 支，按斜面转接液体试管的无菌操作要求接种。取菌后接入液体培养基时，使接种环与试管内壁在液面上方靠近液面处轻轻地研磨，将菌体转移至液体培养基中。接好种后，塞好试管塞，将试管在手掌中轻轻敲打，使菌体充分分散（不可剧烈振荡，以免将气泡摇入杜氏小管）。

（2）培养　　将上述接种好的各试管置于 25~28℃培养 5~7 d。

（3）结果观察　　观察各液体发酵管的杜氏小管中有无气泡形成。若有气泡形成，说明能发酵该糖；反之，说明不能发酵该糖。记录实验结果。

五、实验内容与实验报告

1）检测酿酒酵母对葡萄糖、蔗糖、麦芽糖、乳糖的发酵情况，并对实验结果进行观察记录和报告。

2）测定酿酒酵母对硫酸铵、硝酸钾、尿素的利用情况，并对实验结果进行观察记录和报告。

六、思考题

查找资料中关于酿酒酵母相关生理指标的描述，并与你的实验结果对照是否一致？若不一致，请分析原因。

七、延伸学习

了解酵母菌其他生理指标的测定方法及其原理。

实验十四
细菌的生理生化反应

一、目的要求

了解细菌鉴定中常用的主要生理生化反应原理及试验方法。

二、实验材料

（1）菌种　　大肠杆菌（*Escherichia coli*）、产气杆菌（*Enterobacter aerogenes*）。
（2）培养基　　葡萄糖蛋白胨水培养基。
（3）试剂　　甲基红试剂、40%（*m/V*）KOH 溶液、精氨酸（或肌酸）等。

三、实验原理

在细菌经典分类中，其分类依据通常以其生理生化特征为主，以形态学特征为辅，因此，细菌的生理生化反应试验是细菌学重要的实验技术之一。

Voges Proskauer（VP）试验用来测定细菌是否具有利用葡萄糖进行丁二醇发酵的能力。在可以进行丁二醇发酵的细菌中，葡萄糖分解产生的丙酮酸通过缩合、脱羧生成乙酰甲基甲醇，后者作为受氢体生成丁二醇。而丁二醇的前体化合物乙酰甲基甲醇在碱性条件下，可以被空气中的氧气氧化成二乙酰。二乙酰与蛋白胨中精氨酸的胍基作用，生成红色化合物，从而呈现 VP 反应阳性（图 14-1）。产气杆菌 VP 反应为阳性，大肠杆菌 VP 反应为阴性。

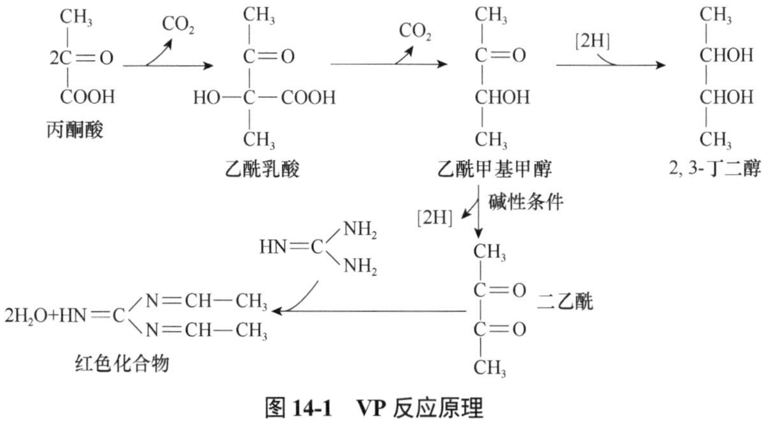

图 14-1　VP 反应原理

甲基红（methyl red，MR）试验是用来检测细菌是否发酵葡萄糖产生各种有机酸（如甲酸、乙酸、乳酸、琥珀酸等）的一种生理生化反应。当细菌代谢糖产生某些有机酸时，如大肠杆菌利用葡萄糖进行混合酸发酵时，培养基的 pH 会下降，可以让加入培养基的甲基红指示剂由橘黄色（pH 6.2）变为红色（pH 4.4），此即为甲基红反应阳性。大肠杆菌甲基红反应为阳性，产气杆菌甲基红反应为阴性。

四、实验操作步骤

1. VP 试验

（1）试管标记　　取 3 支装有葡萄糖蛋白胨水培养基的试管，分别标记大肠杆菌、产气杆菌和空白对照。

（2）接种培养　　以无菌操作分别接种少量菌苔至以上相应试管中，空白不接菌（接种注意事项参见无菌操作规范斜面转接液体管部分）。置于 37℃恒温培养箱中，培养 24～48 h。

（3）观察记录　　取出以上试管，振荡 2 min，另取 3 支洁净的空试管，对应标记菌名，分别取 2～3 mL 上述菌液，加入到对应的空试管中，再加入 40% NaOH 溶液 10～15 滴，并用牙签挑入 0.5～1 mg 微量精氨酸（或肌酸）等含胍基的化合物。振荡试管，置于 37℃恒温培养箱中保温 15～30 min，观察反应液颜色。若培养液呈红色，记录为阳性反应，若不呈红色，则记为阴性。

2. 甲基红（MR）试验

VP 试验剩余的培养液，分别沿试管壁加入 2 或 3 滴甲基红试剂，仔细观察培养液上层的颜色变化。若培养液上层变为红色，即为阳性反应，若仍为黄色，则为阴性反应。

五、实验内容与实验报告

对所给细菌菌株进行 VP 试验和 MR 试验，并报告试验结果。

六、思考题

在 VP 反应中加入 KOH 的作用是什么？

七、延伸学习

查阅资料，了解测定细菌其他生理生化反应的原理和方法。

实验十五
细菌噬菌体的分离纯化与效价测定

一、目的要求

1）学习并掌握从样品中分离噬菌体的基本方法。
2）掌握双层平板法测定噬菌体效价的原理与基本操作。

二、实验材料

（1）菌种　　大肠杆菌（*Escherichia coli*）。
（2）待分离样品　　可能含大肠杆菌噬菌体的污水样品或大肠杆菌培养液。
（3）培养基　　LB 液体培养基，10×LB 液体培养基（浓缩至 1/10 的 LB 培养基），LB 固体培养基（含 20 g/L 琼脂），LB 半固体培养基（含 6 g/L 琼脂）。
（4）试剂　　1 mol/L 无菌 $CaCl_2$ 母液。
（5）仪器及玻璃器皿　　台式高速离心机、水浴锅、恒温培养箱、细菌过滤器（0.22 μm）、移液管、试管、离心管、培养皿等。

三、实验原理

噬菌体是一类侵染细菌、放线菌的病毒，其个体小，可以通过细菌过滤器（0.22 μm），其结构由蛋白质和核酸组成，无细胞结构，为高度专一的活细胞内寄生性的非细胞生物。

噬菌体广泛分布于各种自然环境中。由于自然环境中宿主细胞的数量远低于实验室纯培养中细菌的数量，因此环境样品中噬菌体的滴度往往很低，在进行噬菌体分离之前，需要进行富集浓缩。将含有噬菌体的样品接种到含宿主菌的液体培养基中，噬菌体侵染宿主细胞，在胞内完成增殖和裂解，除去细胞碎片和未裂解的细胞的上清液用于噬菌体活性的测定。

可能含噬菌体的悬液经过稀释后涂布在接种敏感菌的固体培养基平板上，若无噬菌体，培养后固体平板表面形成连片的菌苔；若是存在噬菌体，其中每一个噬菌体粒子由于先侵染和裂解一个细胞，释放新的噬菌体颗粒，然后再以此为中心，反复侵染和裂解周围大量的细胞，结果就会在菌苔上形成一个具有一定形状、大小、边缘和透明度的空斑（图 15-1），称为噬菌斑（plaque）。每个噬菌斑代表了由一个

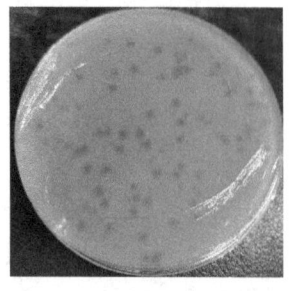

图 15-1 琼脂平板上的噬菌斑

噬菌体裂解触发的裂解循环。每种噬菌体的噬菌斑有一定的形态，因而可用作该噬菌体的鉴定，也可用于噬菌体的分离和效价测定。

噬菌体的效价（titer）是指单位体积试样中所含有的具感染性噬菌体的数量，也称噬菌斑形成单位（plaque forming units，PFU）。双层平板法是常用的噬菌体效价测定方法。将噬菌体稀释液与宿主细胞在熔化的琼脂半固体培养基（上层平板）中混合，将其均匀涂布在固化的标准琼脂平板上（底层平板）。过夜培养后，根据菌苔上出现的噬菌斑数量即可计算噬菌体的效价。

四、实验操作步骤

1. 样品中噬菌体的富集

1）在 LB 液体培养基中接种大肠杆菌，37℃，150 r/min 振荡培养 18 h。

2）于 250 mL 三角瓶中分别加入 5 mL 上述大肠杆菌培养物和 10×LB 液体培养基及 40 mL 可能含大肠杆菌噬菌体的污水样品或其他样品，37℃振荡培养 18~24 h。

3）将富集培养物转移到 50 mL 无菌离心管，5000 r/min 离心 10 min。弃去颗粒成分，取上清液转移到另一洁净离心管，8000 r/min 离心 10 min。

4）将上清液用灭菌的细菌过滤器过滤，并将滤液转移到无菌三角瓶中，4℃贮存备用。

> ⚠ **操作规范与注意事项**
>
> 所有操作按无菌操作规范进行。
>
> 污水中可能含有致病菌，应戴上手套，用移液管转移污水样品。
>
> 富集后可通过高速离心或细菌过滤器过滤去除菌体细胞或其碎片收集噬菌体。本实验采用了两种方法，也可选用其中一种。
>
> 过滤后的无菌滤液如不立即使用，可在滤液中加入 2 或 3 滴氯仿，长期保存滤液。氯仿可杀死随后生长的细菌，对噬菌体无作用。

2. 噬菌体的检测（斑点试验）

1）用添加 1 mmol/L $CaCl_2$ 的 LB 固体培养基（在熔化的 LB 固体培养基中加入 $CaCl_2$ 母液）制备琼脂平板，在表面涂布一圈或数条敏感细菌菌液。

2）待菌液干燥后，分别在细菌条带几个不同位点处滴加 5 μL 噬菌体富集上清液（或滤液），并在某一细菌条带或环形细菌条带的某一处滴加 5 μL 空白 LB 液体培养基作为阴性对照。

3）倒置于 37℃恒温培养箱中培养过夜，观察滴加噬菌体富集上清液（或滤液）处有无噬菌斑形成。

> ⚠ **操作规范与注意事项**
>
> 所有操作按无菌操作规范进行。
>
> 许多噬菌体裂解需要 1~10 mmol/L 的二价离子，如 Ca^{2+} 或 Mg^{2+}，用于附着在细菌细胞表面或在细胞内生长，因此可在制备固体平板时添加无菌 $CaCl_2$ 溶液（终浓度 1 mmol/L）。

3．噬菌体的纯化

1）取噬菌体富集上清液或滤液在添加了 1 mmol/L $CaCl_2$ 的 LB 琼脂平板上划线（和划线法分离细菌单菌落方法相似，具体见"附录一　无菌操作规范"），并将平板在室温下干燥。

2）将 0.5 mL 敏感菌菌悬液与约 5 mL 熔化并冷却至 50℃左右的 LB 半固体培养基混匀，制备包含宿主细胞的上层平板，将其从含有噬菌体颗粒稀释度最高的区域开始，倾注在平板表面上，倾斜或轻轻转动平板使其扩散到划线接种的其他区域。静置待上层平板完全凝固。

3）倒置于 37℃恒温培养箱中培养过夜，获得单个分离良好的噬菌斑。若噬菌斑大小、形状接近，表示噬菌体已分离纯化；若噬菌体大小、形状仍差异较大，则表明噬菌体可能需要按上述步骤再次进行纯化。

> ⚠ **操作规范与注意事项**
>
> 所有操作按无菌操作规范进行。
>
> 也可以按下述测定噬菌体效价的方法制备双层平板进行噬菌体的分离纯化。采用这种方法更容易对得到的噬菌斑进行大小和形状的观察比较。

4．噬菌体效价的测定（双层平板法）

（1）制备噬菌体悬液　　挑选单个噬菌斑，在新鲜的 LB 液体培养基中悬浮，制备成噬菌体悬液。

（2）稀释噬菌体悬液　　用 LB 液体培养基对制备的噬菌体悬液进行适度的梯度稀释（与细菌菌悬液梯度稀释类似，参见实验十一）。

（3）接种培养敏感菌液　　在 LB 液体培养基中接种大肠杆菌，37℃、150 r/min 振荡培养 18 h。

（4）制备底层平板　　将 LB 固体培养基熔化后，倾注于无菌培养皿中，每皿 10~15 mL，静置于平整的操作台上，待凝备用。

（5）制备上层平板　　将 LB 半固体培养基熔化，分别取 5 mL 分装于几支灭菌空试管中,置于45~50℃水浴中保温;往每支试管中分别加入 0.5 mL 大肠杆菌培养液、不同稀释度的噬菌体悬液 0.1 mL,混匀后迅速倾注于底层平板上。选择 3 个连续稀释度,每个稀释度倾注 2 皿(具体操作与注意事项参见实验十一)。

(6)培养与观察结果　待上层平板完全凝固后,倒置于37℃恒温培养箱中培养 18~24 h,观察并记录结果。

(7)清洗　实验结束后,将含噬菌斑和敏感菌的平板煮沸灭活后再清洗。

> ⚠ **操作规范与注意事项**
>
> 所有操作按无菌操作规范进行。
>
> 实验中也可使用上述制备的噬菌体富集上清液或滤液进行噬菌体效价测定。如需要,制备平板时可在培养基中添加 1 mmol/L $CaCl_2$。
>
> 底层平板不应该太干燥或太潮湿,否则会影响噬菌斑的形成。
>
> 制备上层平板时应控制好温度,温度太高容易杀死部分噬菌体和敏感菌;太低则由于只有约 5 mL 上层平板混合液进行倾注很容易导致尚未混匀就凝固。必要时可以用无菌玻棒涂布辅助上层平板混匀。
>
> 皿盖冷凝水对噬菌斑的形成会造成影响,应倒置培养,但由于上层平板是半固体培养基,一定要待上层培养基完全凝固后方可倒置。

五、实验内容与实验报告

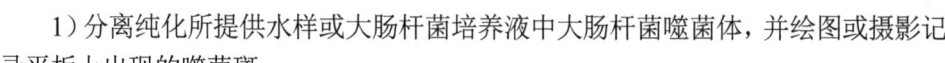

1)分离纯化所提供水样或大肠杆菌培养液中大肠杆菌噬菌体,并绘图或摄影记录平板上出现的噬菌斑。

2)用双层平板法测定自己制备的或所提供的大肠杆菌噬菌体悬液的效价,并将各稀释度的噬菌斑计数结果记录于下表中,并按下式计算噬菌体的效价。

噬菌体样品稀释度	10^{-1}	10^{-2}	10^{-3}	10^{-4}	10^{-5}
噬菌斑形成数					
噬菌体效价/(PFU/mL)					

效价(PFU/mL)=平均噬菌斑数×稀释倍数×取样量折算数

六、思考题

1)为什么不是所有菌苔上的细菌都会被噬菌体裂解?

2)污水样品中的细菌是否都会被其中所含有的噬菌体全部杀死?为什么?

3)简述双层平板法测定噬菌体效价的注意事项。

七、延伸学习

1）了解噬菌体效价的其他测定方法，并与双层平板法进行比较。
2）查阅资料，了解温和性噬菌体的分离方法，如溶原诱导法。

实验十六
特定样品中目的微生物的分离纯化

一、目的要求

1）培养学生围绕特定课题查阅文献、分析利用文献，以及进行实验方案设计及开展科学实验的基本能力。

2）了解微生物学实验设计的一般流程及需要注意的问题。

3）学习和掌握从自然界各种样品中分离筛选目标微生物的原理和方法。

本实验分组进行，并由学生根据自己的时间来安排实验进程，因此，也可以锻炼和培养学生的团结协作能力、组织领导能力和自我管理能力。

二、实验内容

指导教师可以根据各自学校及专业特色，指定特定样品及所需分离纯化的目标微生物。例如，对于以工业微生物见长的生物工程、生物技术及酿酒工程专业，可以设置土壤样品中产淀粉酶（或蛋白酶）芽孢杆菌的分离；酒曲中特定微生物的分离；酱醅中蛋白酶产生菌（或脂肪酶产生菌、耐高渗酵母菌）的分离等。对于环境工程专业的学生，可以设置水样中苯酚（或其他化合物）降解菌的分离等。

本实验分组进行，每组3或4人。各小组根据指导教师指定的样品和所需分离的目标微生物，查阅相关文献，在此基础上制定实验方案。在实验开始前一周提交实验方案书面报告，以留出足够时间与实验指导教师进行沟通并进一步修改完善。

实验方案具体内容包括以下几方面。

1）实验原理及背景知识。

2）实验材料：包括培养基、溶液、试剂、玻璃器皿及其他仪器的种类及数量等。

3）实验内容与操作步骤：含取样、样品预处理（含富集）、稀释与平板分离、菌种的初步鉴定等步骤的具体操作及注意事项等。

4）时间安排：各小组在指定周次可以根据自己的时间安排实验进程。因此，在实验方案中，要具体列出每步实验的时间安排，以利于实验指导教师安排跟踪指导及实验室管理人员进行相应的准备工作。

由于后续筛选（初筛和复筛）所需要的摇瓶发酵实验及发酵产物分析等内容在其他实验课程中会涉及，并且受课时限制，因此，本次实验只做到目标微生物的平板分离，但需要对平板分离的目标微生物用平皿快速反应（如透明圈或变色圈等）、菌体形态观察等进行必要的表征，以验证是否分离纯化得到所需要的目标微生物。

【示例】 土壤样品中产淀粉酶芽孢杆菌的分离纯化

一、实验原理

淀粉或含淀粉质原料是发酵工业重要原料之一，而淀粉酶是进行这类原料处理的重要酶制剂。产淀粉酶的微生物是重要的工业微生物之一，其中芽孢杆菌（*Bacillus*）是主要的淀粉酶产生菌。

土壤具有适于微生物生长繁殖和生命活动中所需的各种条件，如丰富的营养物质，合适的水分、pH 及通气条件等，从而成为微生物的大本营，是自然界中分离各类微生物菌株的重要来源。芽孢杆菌在土壤中具有广泛分布，是土壤细菌的主要种群。

土壤中微生物种类、数量及分布受其中有机营养物的种类和含量的显著影响，因此，含有较丰富淀粉的土壤（如长期种植农作物的耕作土壤、粮食或面粉加工厂周边的土壤等）可以天然富集淀粉降解菌。此外，也可以在土壤中预埋馒头等淀粉质食物，用于富集分解淀粉的微生物。

芽孢是芽孢杆菌生长到一定阶段所形成的一种抗逆性很强的休眠体结构，对高温、紫外线、干燥等不利于生长的环境都有很强的抗性。因此，可以采用热处理杀死其他细菌营养体从而富集产芽孢细菌。

平板菌落分离法是最常用的微生物分离纯化方法，配合平皿反应快速检出法，可以高效分离出所需要的目标微生物。利用淀粉平板可以筛选出产淀粉酶细菌，筛选原理是：淀粉酶可以将菌落周围平板中所含淀粉水解为可溶性的葡萄糖和小分子糊精，从而产生透明圈；若透明圈不明显，则可以滴加稀碘液，由于淀粉遇碘变蓝，而葡萄糖和小分子糊精遇碘不变色，故可以产生明显的透明圈或变色圈。

利用革兰氏染色和芽孢染色，根据产透明圈或变色圈的细菌的菌体形态、革兰氏染色结果和是否产芽孢，可以初步判别所分离得到的产淀粉酶细菌是否是芽孢杆菌。

二、实验材料

（1）淀粉培养基　可溶性淀粉 10 g，蛋白胨 10 g，NaCl 5 g，牛肉膏 5 g，琼脂粉 20 g，水 1000 mL，pH 7.0～7.2，0.1 MPa，30 min 高压蒸汽灭菌。

（2）染液与试剂　细菌革兰氏染色染液与试剂 1 套（参见实验四），细菌芽孢染色染液与试剂 1 套（参见实验五），稀碘液，无菌生理盐水，香柏油，二甲苯等。

（3）玻璃器皿　　培养皿、三角瓶、试管、移液管、烧杯、量筒、涂布棒、玻璃珠等。

（4）其他仪器　　电子天平、药匙、称量纸、pH 试纸、记号笔、棉花、高压蒸汽灭菌锅、烘箱、恒温培养箱、显微镜、载玻片、接种环、酒精灯、擦镜纸、吸水纸、取样铲、取样袋等。

三、实验操作步骤

1．准备工作

（1）淀粉培养基的制备与灭菌　　配制 200 mL 淀粉培养基，分装于 250 mL 三角瓶中，包扎后高压蒸汽灭菌备用。

（2）生理盐水的配制与灭菌　　配制 100 mL 生理盐水，取其中 45 mL 分装至 100 mL 小三角瓶中，并在其中加入一些玻璃珠，包扎后高压蒸汽灭菌备用。其余的生理盐水按 4.5 mL/管分装至 5～10 支试管中，包扎后高压蒸汽灭菌备用。

（3）玻璃器皿的包扎与灭菌　　将培养皿、移液管等玻璃器皿分别包扎后，置于烘箱中干热灭菌备用。

（4）预埋馒头　　在学校食堂附近或学校周边耕作田地确定取样地点，在实验开始前约一周时间，在距土壤表层 10～15 cm 处预埋馒头碎块，以原位富集产淀粉酶微生物。

2．采样

预埋馒头一周后，在预埋处用取样铲采集 10～15 cm 深度的土壤样品数十克，用无菌取样袋装好，尽量不要损坏土壤内部结构，并做好取样记录。

3．制备土壤悬液

取 5 g 土壤样品加入到含有 45 mL 无菌生理盐水和玻璃珠的小三角瓶中，手摇振荡打散约 10 min，制成土壤混悬液。

4．热处理富集细菌芽孢

将装有土壤悬液的小三角瓶置于 80℃ 水浴锅中，热处理 10～15 min，以杀死其他微生物营养体，富集细菌芽孢。

5．稀释涂布平板分离

将经热处理的土壤悬液静置约 5 min，使其自然沉降。用无菌移液管吸取 0.5 mL 上方较清的悬液至装有 4.5 mL 无菌生理盐水的试管中，进行梯度稀释（参见实验十一）。分别吸取 10^{-1}～10^{-6} 土样稀释液 0.1 mL 涂布于预先制备好的淀粉平板上，倒置于 37℃ 恒温培养箱中培养 48 h。

6．划线平板分离

用灼烧灭菌的接种环蘸取少许土壤悬液（未稀释的原液），在预制备的淀粉平板上进行划线分离，并倒置于 37℃ 恒温培养箱中培养 48 h。

7. 观察透明圈

取出培养后的淀粉平板，观察单菌落周边有无透明圈，若透明圈不明显，则在菌落周边滴加稀碘液，再观察所形成的透明圈。选取透明圈直径/菌落直径比值较大的菌落，进行下一步的革兰氏染色与芽孢染色观察。如需要，可以接种淀粉培养基斜面进行培养，以进行后续筛选实验。

8. 染色观察

对分离得到的各株细菌分别进行革兰氏染色和芽孢染色，观察菌体形态与产芽孢情况。芽孢杆菌应为革兰氏阳性、产芽孢的杆状细菌。

四、其他说明

1. 本示例根据某组学生所提交的实验方案经修改而成。
2. 由于课时限制及考虑到其他实验课可能安排相关内容，本实验未安排摇瓶筛选的内容，分离得到的菌株产淀粉酶活性未进行测定。
3. 实验所需玻璃仪器规格与数量填写表 16-1；实验具体时间安排填写表 16-2。

表 16-1 _____班第_____组实验所需玻璃仪器

名称	规格	数量

表 16-2 _____班第_____组实验具体时间安排

序号	实验内容	时间
1	培养基制备与灭菌	
2	采样	
3	土样处理，平板分离	
4	结果观察	

实验十七
平板菌落绘画

一、目的要求

本实验为趣味性设计型实验，要求学生根据所学的微生物学知识，以各种琼脂培养基制作的直径 9 cm 的平板为"画布"，以各种不同颜色的微生物菌株为"笔墨"和"颜料"，绘制出集思想性、科学性和艺术性为一体的创意绘画作品或书法、篆刻等其他艺术作品，培养理工科学生的人文情怀和艺术创造力，达到思政教育和美育与实践课程教学的有机统一。作品具体要求如下。

（1）思想性　　主题明确，围绕社会主义核心价值观、中华民族传统文化和传统美德、学校校训、祖国大好河山或校园美景、英雄人物、专业特色等正能量主题设计作品。

（2）科学性　　要求学生根据所学的微生物学知识，充分利用不同微生物菌株在各种琼脂培养基平板上菌落或菌苔的形态与颜色，利用微生物菌株或其重组菌株所产生的各种脂溶性或水溶性色素或荧光，将菌种生理遗传特性和所选用的琼脂培养基特点有机结合在一起，展现所设计的主题和创意。

（3）艺术性　　充分利用 9 cm 大小的圆形平板"画布"的特点，创意独特，画面简洁干净，线条明快，颜色搭配合理，具有较高的艺术表现力。

（4）体裁　　以绘画作品为主，也可以采用书法、篆刻等其他艺术表现形式。

二、实验内容

本实验分组进行，每组 3 或 4 人。实验分为设计准备、实验实施、展示评价 3 个阶段。

（一）设计准备

各小组讨论确定各自选题，设计绘画图案，并根据所学的微生物学知识，选取所需要的微生物菌株和琼脂培养基，制定实验方案。在实验开始前两周提交实验方案书面报告，以留出足够时间与实验指导教师进行沟通，修改完善设计方案，以及收集所需要的菌株。实验方案包括以下具体内容。

1）绘图图案及设计创意说明。图案在直径 9 cm 的圆形画布上进行设计，手绘或计算机绘图。所附的设计创意说明要简要描述该图案所要表达的主题、创意来源、实现方式等。

2）简要说明所采用的微生物菌株、琼脂培养基种类及它们各自的特点，说明能够实现设计创意的微生物学知识和原理。设计时可以选用不止一套微生物菌株和培养基组合，以完美呈现设计创意。

3）时间安排：由于某些小组所需要的微生物菌株可能需要自己从自然界分离纯化或自行构建重组菌株，以及进行必要的预实验，因此，在准备阶段，各小组可以在指定时间段根据自己的时间自主安排实验进程。在实验方案中，要具体列出每步实验的时间安排，以利于实验指导教师安排跟踪指导及实验室管理人员进行相应的准备工作。

（二）实验实施

各小组根据自己的创意设计，在琼脂平板上完成自己的作品。具体包括以下内容。

1）琼脂培养基的制备与灭菌、培养皿及其他器皿的包扎与灭菌。
2）所需菌株的活化培养。
3）制备琼脂培养基平板。
4）将菌株按照创意设计接种于琼脂平板上。该操作需要按照无菌操作规范进行，以防止杂菌污染。为保证实现设计效果，本步骤可以分几组进行。
5）将接种的琼脂平板在适宜条件下进行培养。

（三）展示评价

各小组挑选自己满意的作品，向指导教师和全班同学进行展示，并用 3～5 min 时间简要说明本组作品的设计思路、所采用的菌株及培养基、涉及的微生物学知识与原理、作品制作方法与步骤等。指导教师和全班同学对作品的主题设计、创意独特性与合理性、创意实现程度与艺术呈现等各方面进行评价。

（四）作品示例

平板菌落绘画样例可参考图 17-1。

七夕图

中秋节

重阳节

图 17-1　平板绘画样例

彩图

实验十八
紫外诱变技术及细菌抗药性突变株的筛选

一、目的要求

1）以细菌紫外诱变为例，学习微生物诱变育种的一般步骤及基本技术。
2）以细菌链霉素抗性为例，学习微生物抗药性突变株的筛选方法。

二、实验材料

（1）菌种　　大肠杆菌（*Escherichia coli*）。
（2）培养基　　营养肉汤液体培养基、营养琼脂斜面培养基。
（3）试剂　　2 mg/mL 链霉素（Str）母液、无菌生理盐水。
（4）仪器及玻璃器皿　　台式高速离心机，紫外诱变箱，恒温培养箱，10 mL 及 1 mL 的无菌移液管，无菌试管，无菌培养皿，含 9 mL 无菌生理盐水的无菌三角瓶（内装有 20~40 粒玻璃珠），无菌塑料离心管，涂布棒等。

三、实验原理

基因的自发突变率一般很低，仅为 $10^{-10} \sim 10^{-6}$，基于自发突变的微生物自然选育，分离筛选到符合工业生产或微生物学研究要求的微生物菌株十分困难。为了提高突变频率，增大筛选机会，可以采用物理或化学方法对微生物进行诱发突变。

紫外线由于使用方便，操作简单，容易进行安全防护，并且对大多数微生物诱变效果明确有效，因此一直是微生物诱变育种工作中首选诱变剂之一。

紫外线可引起 DNA 链断裂、交联、嘧啶水合及形成胸腺嘧啶二聚体多种 DNA 分子结构损伤，从而导致细胞死亡或引起微生物菌株的遗传性状发生变异，达到诱变育种的目的。由于细菌中存在的光复活作用可以修复紫外线造成的部分 DNA 分子损伤，从而降低紫外诱变效果，因此，紫外诱变及后续一些相关操作需要避光进行。

紫外诱变可以通过控制紫外灯功率、照射距离及照射时间来控制诱变剂量。由于具体诱变工作一般在具有固定功率的紫外灯管和照射距离的紫外诱变箱中进行，因此，通常通过紫外改变处理时间控制诱变剂量。一般采用光谱集中于 254 nm 处（与 DNA 的紫外吸收波长基本一致）的 15 W 或 20 W 的紫外灯管，照射距离一般控制在 20 cm 或 30 cm。

实验十八　紫外诱变技术及细菌抗药性突变株的筛选

链霉素属于氨基糖苷类抗生素，其杀菌机制是作用于细菌核糖体的小亚基，使其不能与大亚基结合组成有活性的核糖体，进而阻断细菌细胞内蛋白质的合成，从而杀死细菌。当细菌编码核糖体小亚基S12的 *rpsL* 基因或其他相关基因发生突变，导致相应的核糖体蛋白结构发生改变，使得链霉素不能与核糖体小亚基结合或者结合后不影响其与大亚基组成有活性的核糖体，细菌蛋白质合成不再受链霉素抑制，细菌则会表现出对链霉素的抗药性。

四、实验操作步骤

1. 出发菌株培养与菌悬液制备

（1）菌种活化　　将出发菌株保藏斜面移接新鲜营养琼脂斜面培养基，37℃培养 16～24 h。

（2）液体培养与翻接　　将活化后的菌株接种于营养肉汤液体培养基，37℃，110 r/min 振荡培养过夜（约 16 h），以 20%～30% 接种量转接新鲜的营养肉汤液体培养基，继续培养 2～4 h。

（3）离心洗涤　　吸取 1 mL 培养液于 1.5 mL 无菌塑料离心管中，10 000 r/min 离心 3～5 min，弃上清液，加 1 mL 无菌生理盐水重悬菌体；再次离心，弃上清，重复上述步骤用生理盐水制成菌悬液。

（4）玻璃珠打散　　将上述菌悬液倒入装有小玻璃珠的无菌三角瓶（预先加入 9 mL 无菌生理盐水）内，振荡 5～10 min，以打散细胞。

（5）诱变前计数　　取 0.5 mL 诱变前菌悬液进行适当梯度稀释，分别取 3 个合适稀释度菌液 1 mL 倾注营养琼脂平板，每一梯度倾注 2 皿，37℃倒置培养 24～36 h，进行诱变前活菌平板菌落计数（具体操作步骤及注意事项参见实验十一）。同时，分别用原菌液、玻璃珠打散后的菌悬液，以及 10^{-1} 稀释度 3 个梯度的菌悬液各 0.1 mL 涂布营养琼脂＋Str 平板（Str 终浓度 12 U/mL），每一稀释度 2 个重复。倒置于 37℃ 恒温培养箱培养 24～36 h，进行诱变前抗药菌落计数。

> ⚠ **操作规范与注意事项**
>
> 所有操作严格按无菌操作规范进行。
>
> 翻接的目的是尽量实现同步培养，并保证诱变时细菌处于对数生长期，因此，接种量要大，接种后培养时间不要太长。
>
> 离心洗涤菌体并用生理盐水重悬，目的是消除培养基成分对紫外线的吸收，从而提高紫外诱变效果，根据需要，可以进行 2 或 3 次重复。而玻璃珠打散的目的是使菌体细胞充分分散，一般手摇数分钟即可。
>
> 链霉素药物平板中链霉素终浓度需要实验前通过预实验进行确定，不同细菌菌株对链霉素的敏感性不同。

2. 紫外线诱变

（1）预热　　将紫外灯打开，预热 30 min。

（2）取菌液　　取直径 7 cm 的无菌培养皿（含转子），加入菌悬液 5 mL，控制细胞密度为 $10^7 \sim 10^8$ 个/mL。

（3）诱变　　将待处理的培养皿置于紫外诱变箱内的磁力搅拌仪上，静止 1 min 后开启磁力搅拌仪旋钮进行搅拌，然后打开皿盖，分别处理 5 s、10 s、15 s、20 s，紫外线照射完毕后先盖上皿盖，关闭搅拌，取出培养皿。当所有诱变结束后关闭紫外灯。

（4）诱变后计数　　取 0.5 mL 处理后的菌液进行适当梯度稀释，分别取 3 个合适的稀释度各 1 mL 稀释液倾注营养琼脂平板，每一稀释度 2 个重复。倒置于 37℃ 恒温培养箱避光培养 24~36 h，进行诱变后活菌计数。

（5）后培养　　取 1 mL 诱变处理好的菌悬液，无菌操作接种至装有 20 mL 灭菌过的营养肉汤液体培养基的摇瓶中，37℃，110 r/min 避光振荡培养 14~16 h。

> ⚠ **操作规范与注意事项**
>
> 所有操作严格按无菌操作规范进行。
>
> 由于光复活作用会影响紫外线诱变的致死率和诱变效果，因此，紫外线诱变至诱变后培养的所有操作需要避光进行。因红光波长较长，不能激活光复活系统，故可以在红光下进行相应操作。
>
> 紫外灯预热的目的是稳定紫外灯的功率，预热时间太短达不到效果，预热时间太长则会降低紫外灯管的使用寿命，一般控制预热时间为 30 min 左右。
>
> 紫外线诱变要在有玻璃保护的专用紫外诱变箱中，操作人员不可直接暴露在紫外线照射下。
>
> 诱变时，打开培养皿盖后培养皿盖不可停留在菌液上方，即不可处于紫外灯与待诱变的菌液之间，否则会影响诱变效果。
>
> 由于不同处理时间致死率不同，因此，不同处理时间诱变后进行平板菌落计数时，应选取不同的稀释度。

3. 链霉素抗性突变株的筛选

对后培养的菌悬液进行适当的梯度稀释，分别取 3 个合适的稀释度各 1 mL，倾注营养琼脂平板，37℃倒置培养 24~36 h，进行平板菌落计数。同时，选取合适浓度的菌悬液 0.1 mL，涂布营养琼脂+Str 平板（Str 终浓度 12 U/mL），37℃倒置培养 24~36 h，进行诱变后抗药菌落计数，筛选链霉素抗性突变株，考察紫外诱变的效果（图 18-1）。

五、实验内容与实验报告

1) 对所给大肠杆菌培养液进行紫外线诱变，并对诱变前后进行平板菌落计数，

实验十八 紫外诱变技术及细菌抗药性突变株的筛选 77

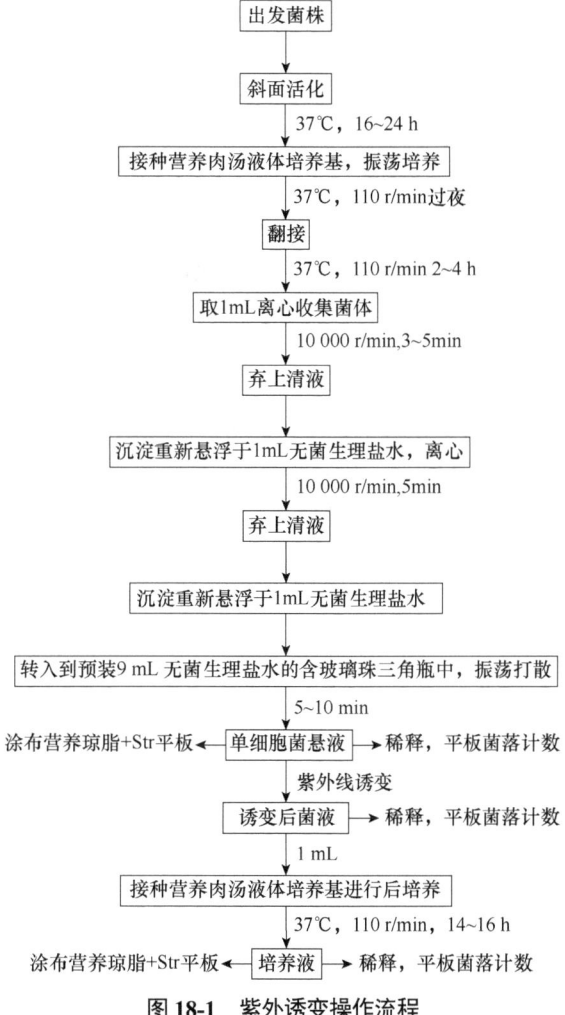

图18-1 紫外诱变操作流程

观察并统计计数结果,计算不同紫外线诱变剂量时大肠杆菌的致死率,绘制致死曲线。

$$致死率 = \frac{照射前活菌数/ml - 照射后活菌数/ml}{照射前活菌数/ml} \times 100\%$$

2)对诱变前及诱变后培养的菌悬液在链霉素药物平板上进行平板菌落计数,计算大肠杆菌链霉素抗性的自发突变频度与诱发突变频度,比较不同诱变剂量的诱变效果。

$$自发突变频度 = \frac{诱变前样品中Str抗性菌数}{诱变前活菌数} \times 100\%$$

$$诱发突变频度 = \frac{后培养以后样品中Str抗性菌数}{后培养以后样品中的活菌数} \times 100\%$$

六、思考题

1）为什么在诱变前要把菌悬液打散？
2）试述紫外线诱变的注意事项。
3）简述后培养的目的及注意事项。
4）本实验中进行了哪些平板菌落计数，每次计数的目的是什么？

七、延伸学习

1）查阅资料，了解其他诱变剂的工作原理、使用方法及操作步骤。
2）了解高产突变株、营养缺陷型突变株等其他类型突变株的选育方法及操作步骤。

实验十九
酵母菌原生质体的制备与再生

一、目的要求

1) 学习并掌握酵母菌原生质体制备、再生的原理与方法。
2) 了解原生质体育种的原理与技术。

二、实验材料

(1) 菌株　　酿酒酵母（*Saccharomyces cerevisiae*）菌株。

(2) 培养基　　YEPD 液体培养基、YEPD 固体培养基、RYEPD 固体培养基。

(3) 试剂或溶液　　10 mmol/L, pH7.4 Tris-HCl 缓冲液(TB)；高渗缓冲液(ST)；0.5 mol/L EDTA 溶液；溶细胞酶（lyticase）母液（400 U/mL，用含 10 mmol/L 2-巯基乙醇的 ST 配制至所需浓度，0.22 μm 微孔滤膜过滤除菌，现用现配）等。

(4) 器材　　培养皿、摇床、恒温培养箱、恒温水浴锅、离心机、接种环、移液管、酒精灯、1.5 mL 塑料离心管、可调微量移液器、吸头、载玻片、显微镜、涂布棒等。

三、实验原理

原生质体育种是 20 世纪 70 年代发展起来的微生物遗传育种技术。酵母菌细胞经专用的酵母破壁酶处理，可以去除细胞壁制备成原生质体。制备的原生质体可通过原生质体再生、原生质体转化或原生质体融合等技术，提高或集合其优良性状，此即原生质体育种。

酵母菌细胞壁主要由 β-1,3-葡聚糖、蛋白质和甘露聚糖组成，因此，可以用含有 β-1,3-葡聚糖酶活性的专用破壁酶，如蜗牛酶、真菌溶细胞酶或酵母裂解酶去除其细胞壁，制备原生质体。

酵母菌细胞去除细胞壁后，形成的原生质体十分脆弱，对机械剪切力和渗透压都比较敏感。因此，原生质体制备及后续的原生质体再生、原生质体融合、原生质体转化等实验必须在高渗条件下进行。

四、实验操作步骤

(1) 菌体培养　　将酿酒酵母菌株接种于含有 30 mL YEPD 液体培养基的三角

瓶中，28℃，100 r/min 振荡培养 18 h。

（2）离心洗涤　　取 1.5 mL 培养液，4000 r/min，10 min 离心，收集菌体，并用无菌水、10 mmol/L TB 及 100 mmol/L EDTA 各离心洗涤一次。

（3）重悬与计数　　再用 ST 离心洗涤一次，并用 1.5 mL 含有 10 mmol/L 2-巯基乙醇的 ST 重悬。对制备的酵母细胞悬浮液，用无菌水进行梯度稀释，取 10^{-7}～10^{-5} 稀释菌液各 0.1 mL 涂布 YEPD 平板，28℃培养 48 h 进行平板菌落计数（记作计数 A）。

（4）酶解破壁　　取上述酵母菌悬液 900 μL 加入酵母溶壁酶母液，分别至终浓度 10 U/ml、20 U/ml、30 U/ml、40 U/mL（溶壁酶母液加样体积不足 100 μL 时用含有 10 mmol/L 2-巯基乙醇的 ST 补足），28℃轻轻振荡（100 r/min）酶解 30 min。

（5）终止酶反应　　2000 r/min 离心 5 min，弃上清，收集的沉淀物用 ST 离心洗涤 2 次彻底去除酶液，终止酶反应。

（6）重悬与计数　　用 900 μL ST 对沉淀物进行重悬浮，即为酿酒酵母原生质体悬液。用无菌水对此悬液进行适度的梯度稀释，取 3 个合适的稀释度各 100 μL 涂布 YEPD 平板，每个稀释度涂布 2 块平板。28℃培养 48 h，进行平板菌落计数（记作计数 B）。

（7）显微镜观察　　取一块洁净的载玻片，用无菌移液管或可调微量移液器在无菌操作条件下吸取上述原生质体悬液，制备水浸片（方法见实验二），用 40× 高倍镜观察原生质体制备情况，应可以观察到椭圆形酵母菌细胞变为圆形的原生质体。在盖玻片左侧滴加纯水，用一片小滤纸片在盖玻片右侧吸水，应可以观察到原生质体从左至右依次破裂。

（8）再生与计数　　对原生质体悬液用 ST 进行适度的梯度稀释，取 3 个合适的稀释度各 100 μL 涂布 RYEPD 平板，每个稀释度涂布 2 块平板。28℃培养 48 h 进行平板菌落计数（记作计数 C）。

⚠ 操作规范与注意事项

不同菌种或同一菌种的不同菌株对各种溶壁酶的敏感性不同，需要通过预实验确定所用溶壁酶的合适用量范围和反应时间。

由于原生质体对渗透压和机械剪切力都十分敏感，因此，在酶处理前离心洗涤与重悬可以用涡旋振荡等比较剧烈的方法进行混匀，但加酶处理后则不宜再剧烈振荡，应小心吹吸混匀。所有制备、洗涤及再生培养原生质体的培养基和试剂都要含有渗透压稳定剂。

由于原生质体对渗透压和机械剪切力的敏感性，建议再生培养基 RYEPD 提前一天制备，并在 28～30℃恒温培养箱中放置过夜，以降低培养基表面蒸馏水对原生质体的损伤。同时，涂布再生平板时也建议采用空心的轻质玻璃涂布棒进行涂布。

五、实验内容与实验报告

1）对所提供的酵母菌培养液进行原生质体制备与再生。

2）对制备的酵母原生质体悬液采用水浸片法进行显微观察，绘图比较酵母菌营养体细胞形态与原生质体形态。

3）对破壁酶处理前后的菌悬液以及再生培养基上生长的菌落进行平板菌落计数，统计实验结果，并按下述公式分别计算原生质体形成率和原生质体再生率，绘制原生质体形成率、原生质体再生率与溶壁酶用量之间的关系曲线。

$$原生质体形成率 = \frac{A-B}{A} \times 100\%$$

$$原生质体再生率 = \frac{C-B}{A-B} \times 100\%$$

六、思考题

1）原生质体操作时为什么要选用高渗培养基？

2）为什么溶壁酶母液采用过滤除菌而不用其他方法？在配制溶壁酶母液和后续酶解反应时加入巯基乙醇的作用是什么？

3）计数 A、计数 B 和计数 C 分别代表了什么？

4）根据你的实验结果，原生质体形成率和再生率与溶壁酶的用量之间呈现什么关系？二者之间又呈现何种关系？分析形成这一结果的原因。

七、延伸学习

1）查阅文献，了解细菌、放线菌、霉菌等其他类型微生物的原生质体制备与再生方法。

2）了解原生质体转化、原生质体融合的一般步骤与实验方法。

实验二十
质粒 DNA 的小量制备及电泳检测

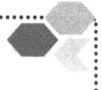

一、目的要求

1）学习并掌握质粒 DNA 的小量制备技术。
2）学习并掌握 DNA 琼脂糖凝胶电泳检测技术。

二、实验材料

（1）菌种　　E. coli JM109/pET28a，E. coli JM109/pET28a-gfp。
（2）培养基　　LB 液体培养基。
（3）试剂及试剂盒　　市售质粒小量抽提试剂盒、500 μg/mL 卡那霉素（Kan）母液、琼脂糖、TAE 缓冲液、上样缓冲液、5 mg/mL 溴化乙啶（EB）母液或 GoldView™ Ⅱ型核酸染色剂（10 000×）、DNA 分子量标准（DNA Marker）、无水乙醇等。
（4）仪器　　恒温培养箱、恒温摇床、超净工作台、台式高速离心机、台式小型振荡仪、1.5 mL 塑料离心管、微量移液器、吸头、制胶槽、胶膜、电泳槽、电泳仪、凝胶成像仪等。

三、实验原理

在微生物分子生物学研究及基因工程育种工作中，往往需要小量制备质粒载体或重组质粒 DNA。在小量制备质粒 DNA 过程中，需要将质粒 DNA 与细菌染色体 DNA 片段、细菌 RNA 和蛋白质等细菌细胞其他组分进行分离。目前，常用质粒小量抽提试剂盒来小量制备质粒 DNA。该方法结合了碱裂解法抽提质粒的原理与柱纯化核酸技术。充分悬浮分散的含质粒 DNA 的细菌细胞，经碱裂解细胞后用酸进行中和，共价闭合环状的质粒 DNA 和线状的染色体 DNA 片段在拓扑学上存在差异而造成复性状态上的不同，据此可以分离纯化质粒 DNA。在碱性条件下（pH 12.0～12.5），细菌细胞裂解，线性的染色体 DNA 片段双螺旋变性解旋；而在此条件下，共价闭合环状的质粒 DNA 尽管氢键也发生断裂，但两条互补链仍能相互盘绕而紧密结合。当进行酸中和时，仍结合在一起的质粒 DNA 的两条互补链迅速而准确复性；而线性的染色体 DNA 片段由于两条互补链彼此已完全分开，就不能这么迅速而准确复性，而是缠绕成网状结构。在后续进行高速离心时，它们就会与细胞碎片、大分子 RNA、蛋白质-SDS 复合物等一起沉淀下来而被除去；而质粒 DNA 则留在上清液中。在上清液离心通过一种专用的新型离子交换柱（称作质粒纯化柱或质粒结合柱）时，质粒 DNA 就结合到柱上，用洗涤液去除杂质后，在一定条件下再用洗脱液将质粒 DNA 充分洗脱下来，从而实现质粒的快速制备和纯化。该方法在提取过程中，无须酚-氯仿抽提、乙醇沉淀等烦琐步骤，可在较短时间内完成质粒的提取和纯化。提取得到的质粒 DNA 可用于后续的限制酶酶切、电泳检测、测序等其他分子生物学操作中。

琼脂糖凝胶电泳是常用的分离和鉴定 DNA 分子的方法。虽其分辨能力比聚丙烯酰胺凝胶电泳低，但其分离范围较广（各种浓度的琼脂糖凝胶可分离长度为 200 bp～50 kb 的 DNA），更适用于质粒 DNA 分子的分离与鉴定。该方法以琼脂糖凝胶为支持物，利用电荷效应和分子筛效应达到分离、鉴定不同 DNA 分子的目的。琼脂糖凝胶电泳通常采用水平装置，在强度和方向恒定的电场下电泳。由于 DNA 分子带有大量磷酸基，在高于其等电点的电泳缓冲液中带负电荷，因此在电场作用下向阳极移动。在一定的电场强度下，DNA 分子迁移速度主要受其分子大小和构型的影响。DNA 分子越大，迁移速度越慢。不同构型的 DNA 分子迁移速度也不同，同一质粒 DNA 的 3 种构型迁移速度依次为：超螺旋 DNA（cccDNA）＞线形 DNA（lDNA）＞开环型 DNA（ocDNA）。该方法可直接用低浓度的溴化乙锭或 GoldView^{TM} 等荧光染料进行染色，通过凝胶成像确定 DNA 在凝胶中的位置，与 DNA 分子量标准进行比对，就大致可以估算质粒 DNA 分子的大小。由于常用的是线性 DNA 分子量标准，因此，在对共价闭合环状的质粒 DNA 进行琼脂糖凝胶电泳之前，一般先将质粒 DNA 分子用限制性内切核酸酶进行酶切处理，使其呈线性。

四、实验操作步骤

1. 细菌质粒 DNA 的小量制备

（1）接种培养　　将含有质粒 DNA 分子的重组大肠杆菌菌株 *E. coli* JM109/pET28a 和 *E. coli* JM109/pET28a-*gfp* 分别接种至含 50 μg/mL 卡那霉素的 LB 液体培养基中，37℃，150 r/min 振荡培养 12～16 h。

> ⚠ **操作规范与注意事项**
>
> 　　不同厂家提供的质粒小量抽提试剂盒的操作步骤及试剂用量可能略有不同，具体实验时可根据试剂盒说明书加以调整。
> 　　在培养基中加入选择性药物是为防止质粒 DNA 在菌体复制过程中丢失。菌体培养时间不宜过长，应控制在细菌对数生长期后期或平衡期，否则，衰亡期后期菌体自融裂解会影响质粒抽提效果及质量。

（2）收集菌体　　吸取 1.0～1.5 mL 培养菌液于 1.5 mL 塑料离心管中，10 000 r/min 高速离心 2 min，弃上清液（如果需要收集 2.0～3.0 mL 培养液中的菌体，此步骤可以重复进行 2 次）。然后倒置于吸水纸上，使液体流尽。

> **操作规范与注意事项**
>
> 　　目前商业化的质粒小量抽提试剂盒有较大的提取容量，可以适应较高的菌体浓度和培养液的体积，根据菌液浓度和质粒拷贝数，可以适当调整菌液体积 1.0～3.0 mL。对于采用 LB 培养基培养的菌液，建议不超过 3.0 mL；对于采用 TB（terrific broth）或 SB（super broth）等加富培养基培养的菌浓较高的大肠杆菌培养液，建议 1.0～1.5 mL，否则会造成裂解不完全而影响质粒的抽提效果。如果质粒拷贝数偏低而不得不增加菌液用量时，建议相应增加溶液Ⅰ、溶液Ⅱ和溶液Ⅲ的用量。
> 　　收集菌体离心，弃上清后，一定要将小离心管倒置在吸水纸上，将离心管中的液体去除净，不然残余液体会干扰质粒的抽提，主要是会干扰后续的碱裂解与中和过程。

（3）菌液重悬　　加入 150 μL 溶液Ⅰ（solution Ⅰ），用涡旋振荡器振荡或用手指弹起沉淀，使其完全散开，无絮块，使菌体重悬。

> **操作规范与注意事项**
>
> 　　溶液Ⅰ在使用前，需要加入随试剂盒配送的 RNase A，并置于 4℃冰箱保藏。如果试剂盒使用时间过长且储存不当，可能造成提取的质粒 DNA 在电泳时出现明显拖尾现象。
> 　　菌体重悬时一定要充分打散，否则会影响后续菌体裂解效果。

（4）碱裂解　　加入 200 μL 溶液Ⅱ（solution Ⅱ），轻轻颠倒离心管 6～8 次，使细菌完全裂解，溶液透明。

（5）酸中和　　加入 500 μL 溶液Ⅲ（solution Ⅲ），轻轻颠倒离心管颠倒 6～8 次，此时应能看到白色絮状物产生。

（6）离心分离　　将小离心管置于台式高速离心机中，13 000 r/min 高速离心 10 min。

> **操作规范与注意事项**
>
> 　　溶液Ⅱ在温度较低时，可能会产生沉淀，如需要可以先用水浴加热溶解，混匀后再使用；为保证酸中和后沉淀效果，溶液Ⅲ使用前可以先置于冰浴或 4℃冰箱预冷。

溶液Ⅱ为碱性溶液，容易吸收空气中的CO_2而酸化，而溶液Ⅲ含有挥发性酸，二者用完后都需要立即盖紧瓶盖。

加入溶液Ⅱ菌体裂解后，染色体DNA和质粒DNA均释放入裂解液中，这时，剧烈振荡会影响它们的存在状态，进而影响酸中和后的离心分离效果，因此，碱裂解和酸中和时，不再适宜剧烈振荡，因此，只能轻轻颠倒混匀，不可以使用涡旋振荡。

裂解一定要充分，菌液基本透明，否则，应适当调整溶液Ⅱ和溶液Ⅲ的用量。

离心分离的沉淀效果对后续质粒抽提效果和质量影响较大，建议采用台式高速离心机的最大转速进行较长时间离心分离（一般至少 10 min），以形成较坚实的沉淀和清亮的上清液。如果发现离心效果不佳，可以再次进行高速离心。

（7）转柱结合　　将质粒纯化柱置于收集管上，直接将上清液倒入质粒纯化柱中，13 000 r/min 离心 1 min，使质粒结合于纯化柱上。

（8）洗涤去杂　　倒弃收集管内的液体，在质粒纯化柱内加入 750 μL 溶液Ⅳ（solution Ⅳ），13 000 r/min 离心 1 min，洗去杂质。

⚠ **操作规范与注意事项**

溶液Ⅳ（洗涤液）使用前需要按说明书要求加入一定体积的无水乙醇，并在瓶盖上作好记号（每次使用前需要进行检查）。

将上清液转移至质粒纯化柱时应小心操作，既保证上清液完全转移，又不要带入沉淀物。

加入溶液Ⅳ的目的是清洗质粒纯化柱上质粒DNA以外的其他杂质，若其在纯化柱上有残留会影响后续质粒的洗脱效果，因此，一定要进行2次离心，以确保其无残留。

（9）离心去残液　　倒弃收集管内液体，13 000 r/min 离心 1 min，除去残留液体。

（10）洗脱　　将质粒纯化柱转移至质粒收集管（预先灭菌的 1.5 mL 塑料离心管）上，加 20~50 μL 溶液Ⅴ（solution Ⅴ）或无菌双蒸水至管内柱面上，室温放置 1 min，13 000 r/min 离心 1 min，所得液体就是含有质粒的溶液，置于-20℃冰箱保藏备用。

⚠ **操作规范与注意事项**

收集质粒所使用的 1.5 mL 塑料离心管一定要预先进行灭菌处理，一方面是预防杂菌污染影响质粒的后续使用，更主要的是灭活可能存在的核酸酶，以避免质粒DNA降解。

洗脱可以用试剂盒配套的溶液Ⅴ，也可以用灭菌过的双蒸水，前者洗脱效果优于后者。采用双蒸水进行洗脱，主要是担心洗脱缓冲液（溶液Ⅴ）中存在的某些组分有可能对质粒 DNA 的后续酶切、测序等操作存在影响，目前这方面担心基本可以消除，因此，建议无特殊要求尽量采用溶液Ⅴ进行质粒 DNA 的洗脱。

加溶液Ⅴ时，应加在位于质粒纯化柱中央的离子交换柱滤芯上，不可以加在柱的周边和壁上，否则会影响洗脱效果。加液后，室温放置 1 min 进行洗脱。

所得到的质粒溶液可以冷冻保存，但尽量避免反复冻融。

2. 质粒 DNA 的琼脂糖凝胶电泳检测

（1）质粒酶切　取 2 μL 提取的质粒溶液，按表 20-1 配比限制酶处理反应液，总反应体积 10 μL，其中重组质粒 pET28a-*gfp* 用 *Bam*H Ⅰ 和 *Hin*d Ⅲ进行双酶切处理，空载质粒 pET28a 采用 *Bam*H Ⅰ 或 *Hin*d Ⅲ单一限制酶酶切（具体反应液配比可以参照限制酶的使用说明书进行调整），于 37℃酶切处理 0.5~2.0 h。

表 20-1　质粒 DNA 限制酶处理反应液配比（10 μL 反应体系）

项目	pET28a-*gfp*/μL	pET28a/μL
质粒	2.0	2.0
10×缓冲液	1.0	1.0
*Bam*H Ⅰ	1.0	0.0
*Hin*d Ⅲ	1.0	1.0
无菌水	5.0	6.0

⚠ 操作规范与注意事项

配制反应液时一般加样顺序为无菌水、10×缓冲液、限制酶、质粒溶液，每加一种组分用移液器吸头吹吸混匀，不要用涡旋混匀。

反应时间、反应液配比及反应条件均可根据酶的使用说明书进行调整。

（2）制胶

1）将胶模置入制胶槽，架好梳子备用。

2）称取 0.16~0.2 g 的琼脂糖于小烧杯中，加入 20 mL TAE 缓冲液，加热煮沸至琼脂糖全部熔化；冷却至约 60℃，加入 EB 母液 2.0 μL（终浓度 0.5 μg/mL）或 GoldView™ Ⅱ型核酸染色剂（10 000×）2.0 μL，摇匀，倒入胶模中，室温下静置 30 min 凝固待用。

⚠ 操作规范与注意事项

制胶与后续电泳一定要用同一种缓冲液,不可用无菌水或其他缓冲液代替。如果用无菌水或双蒸水代替电泳缓冲液制胶,琼脂糖凝胶的电导几乎为零,DNA 的迁移速度会特别慢或几乎不移动,这是 DNA 琼脂糖凝胶电泳最常犯的错误之一。

TAE(Tris-醋酸-EDTA)或 TBE(Tris-硼酸-EDTA)缓冲液是 DNA 琼脂糖凝胶电泳常用的缓冲液。检测质粒 DNA 抽提质量的快速电泳建议选用 TAE,因为线性 DNA 片段在 TAE 中迁移速度比 TBE 略快;需要较高的缓冲容量时推荐选用 TBE 缓冲液。

加热熔化琼脂糖时一定要确保全部熔化(无可见颗粒物,溶液透明),并且在熔胶和倒胶过程中也要确保不产生气泡(从一端小心倒入),否则会造成电泳条带带形异常。

EB 已明确具有致癌作用,而 GoldView^{TM} 虽然迄今尚未发现有致癌作用,但对皮肤和眼睛等都具有一定的刺激作用,因此,无论使用哪种染料进行质粒 DNA 染色,在制胶及后续操作时都应佩戴一次性手套。制胶所用器皿要专用(进行标记),并在制胶完毕后及时采用流水冲洗。EB 或 GoldView^{TM} 等荧光嵌入染料要在冷却到一定温度后才可以加入。如忘记在胶中加入,可以加到电泳缓冲液中。

(3)上样

1)将胶模转入电泳槽,倒入适量的电泳缓冲液(TAE 缓冲液),拔取梳子;
2)取 5 μL 质粒 DNA 限制酶切反应液与 1 μL 的 6×上样缓冲液混匀;
3)将样品和 5 μL DNA 分子质量标准样分别加样到不同的梳孔中。

⚠ 操作规范与注意事项

胶模转至电泳槽后,建议先加入电泳缓冲液(要求缓冲液要完全淹过胶面),然后再拔取梳子,这样加样孔不易变形。

如果酶切缓冲液中已含有上样缓冲液组分(目前一些商品限制酶具有这类功能),则限制酶酶切反应液不需要再与上样缓冲液混合,可以直接上样。

上样时,右手握住微量移液器,左手于移液器下端辅助,使移液器吸头垂悬于加样孔上方的液面内,将样品由微量移液器压出,样品依靠上样缓冲液的重力作用自然落入加样孔中。不建议将微量移液器吸头直接插入加样孔内,这样容易因操作不小心造成移液器吸头将凝胶底部刺穿,或吸头在加样孔中抖动使凝胶在胶模中发生位置移动,这些误操作都可能导致出现样品漏液现象。

此外,要养成一个良好习惯,加样后要同时记录各泳道中样品的名称,以便于电泳后的结果观察与分析。

（4）电泳　　将电泳槽与电泳仪电源正确连接（思考：加样孔一端应该与电源正极还是负极相连接，为什么？），电泳仪设置为恒压电泳模式，50~100 V，恒压电泳 30~60 min。

（5）成像记录　　电泳结束后，关闭电泳仪电源，从电泳槽取出胶模，将琼脂糖凝胶用凝胶成像仪进行摄影和记录。

> ⚠ **操作规范与注意事项**
>
> 　　电泳与凝胶成像操作模式及具体操作参数的设定请参见所使用的电泳仪及凝胶成像仪使用说明书。
> 　　电泳过程中要随时观察电泳仪工作是否正常，如发现产热过高使凝胶熔化时，应检查缓冲液液面是否淹过胶面或制胶缓冲液是否正确以及电压电流情况。
> 　　待上样缓冲液中小分子指示剂（一般为溴酚蓝，约与 600 bp 的 DNA 分子泳动速度相当）电泳至凝胶底部时，即可结束电泳。
> 　　从胶模中转移凝胶至托盘或凝胶成像仪中时，可以在托盘或成像仪的样品板上铺一张透明塑料薄膜（如保鲜膜）以免染色剂污染。
> 　　再次强调安全问题！所有操作均应佩戴一次性手套，所使用的器皿应及时按规定清洗处理，所用过的移液器吸头和凝胶按规定进行分类处理，电泳操作在指定区域内进行。

五、实验内容与实验报告

　　对所提供的重组大肠杆菌菌株进行质粒 DNA 小量抽提，并对所提取的质粒 DNA 进行限制酶酶切和琼脂糖凝胶电泳，将电泳条带与 DNA 分子量标准（DNA Marker）泳道的条带进行比对，结合重组质粒 pET28a-*gfp* 和空载质粒 pET28a 分子大小对质粒提取结果进行分析。

六、思考题

加样孔

1) 哪些因素影响质粒 DNA 小量抽提的效果或质粒 DNA 的质量？溶液 I 中加入 RNase A 的作用是什么？如果未加会出现什么结果？加入溶液 II 后，为什么不能剧烈振荡？

2) 质粒 DNA 进行琼脂糖凝胶电泳时，有哪些因素会影响其泳动速度？为何在进行电泳检测前，一般需要先进行限制酶酶切处理？若不进行酶切处理或酶切处理不完全可能会出现什么结果？左图为某次质粒 DNA 琼脂糖凝胶电泳结果示意图，试标注电源的正负极（用"＋"

或"-"表示),分析出现 3 条电泳条带的可能原因及各条带分别对应的质粒 DNA 分子的构型。

3) 在电泳过程中,如何判断电泳是否正常进行?

七、延伸学习

了解重组质粒 DNA 的构建方法及其他判断所抽提的重组质粒是否构建成功的实验方法。

实验二十一
大肠杆菌的转化实验

一、目的要求

学习并掌握大肠杆菌感受态细胞的制备及质粒 DNA 转化入细菌细胞的基本技术与操作步骤。

二、实验材料

（1）菌种　　大肠杆菌 *E. coli* BL21（DE3）。
（2）质粒　　pET28a、pET28a-*gfp*（实验二十中已抽提）。
（3）培养基　　LB 液体培养基和 LB 固体培养基（配方见附录二）。
（4）试剂　　50 mg/mL 卡那霉素（Kan）母液、100 mmol/L 的 $CaCl_2$ 溶液、异丙基硫代-β-D-半乳糖苷（isopropylthio-β-D-galactoside，IPTG）母液（100 mmol/L）。
（5）器材　　恒温培养箱、恒温摇床、离心机、超净工作台、冰浴箱、涂布棒、1.5 mL 塑料离心管、可调微量移液器、吸头等。

三、实验原理

转化是细菌重要的遗传重组方式，也是微生物重组育种和基因工程中重组 DNA 导入受体细胞的重要技术手段。外源 DNA，如重组 DNA 分子，能否进入受体细胞，取决于该细胞是否处于容易吸收外源 DNA 的生理状态，即细菌感受态。有些细菌（如肺炎球菌等）可以自发产生感受态，但另一些细菌（如大肠杆菌等）则需要通过理化因素诱导才能产生感受态。

大肠杆菌是基因工程常用的受体菌，其感受态一般是通过用冷 $CaCl_2$ 处理对数期细胞而形成。细胞在冷 $CaCl_2$ 低渗溶液中会膨胀成球形，细胞膜的通透性发生改变。质粒 DNA 形成抗 DNase 的羟基-钙磷酸复合物黏附于细胞表面，经 42℃ 短时间热激处理，促进细胞吸收 DNA 复合物。在 LB 培养基上培养数小时后，球形细胞复原并增殖，在选择培养基上便可获得所需的转化子。该方法制备大肠杆菌感受态简便快速，稳定性和重复性好，菌株适用范围广，形成的大肠杆菌感受态细胞的转化率可以达到 $10^6 \sim 10^7$ 转化子/μg 质粒 DNA，能满足一般基因工程操作的需要，因此，被广泛应用于大肠杆菌重组 DNA 转化操作中。

四、实验操作步骤

（1）活化　　将冰箱保藏的 E. coli BL21（DE3）菌种斜面或 LB 固体平板划线培养物，以无菌操作接种至 LB 液体培养基中，37℃，150 r/min 振荡培养过夜。

（2）翻接　　以 5% 接种量转接到新鲜 LB 液体培养基中，37℃，150 r/min 振荡培养至 OD_{600} 为 0.20～0.25（约 70 min）。

⚠ 操作规范与注意事项

接种操作严格按无菌操作规范进行。

基因工程受体菌是抗生素敏感性的，在摇瓶培养基中不可加入选择性药物。

诱导大肠杆菌的感受态需要菌体细胞处于对数生长期前期，翻接后菌体培养时间把控十分重要，培养时间不宜过长，一般 60～90 min，需要通过预实验测定 OD_{600} 确定。

（3）诱导感受态

1）将培养液放入冰浴冷却 10 min，然后取 1.5 mL 培养液于 6500 r/min 离心 5 min，弃上清液。

2）加 750 μL 于冰浴中预冷的 100 mmol/L $CaCl_2$ 溶液，用涡旋混匀器振荡混匀或用手指弹离心管混匀。

3）将离心管置于冰浴中处理 45 min。

4）6500 r/min，5 min 离心收集细胞，加入 100 μL 于冰浴中预冷的 100 mmol/L $CaCl_2$ 溶液，用微量移液器吸头小心地吹吸混匀，重悬细胞，得到的即为大肠杆菌感受态细胞。

⚠ 操作规范与注意事项

实验过程中所使用的 100 mmol/L $CaCl_2$ 溶液需要在冰浴中预冷。

在加入冷 $CaCl_2$ 溶液冰浴 45 min 处理诱导感受态细胞前，细胞结构相对完整，可以用涡旋混匀器振荡或用手指弹离心管等较剧烈的方式混匀，但冰浴处理后，细菌细胞已被诱导成感受态细胞，细胞结构不再完整，变得脆弱，不宜再剧烈振荡，所有后续操作需要小心处理。

细菌感受态细胞最好现制备现用，暂时不用时，可以悬浮到终浓度 15%（V/V）的无菌甘油溶液中，于 -70℃ 短期冷冻保存备用。

（4）转化

1）分别加入 1～2 μL pET28a 或 pET28a-gfp 质粒抽提液至上述制备好的大肠杆

菌感受态细胞悬浮液中，用移液器吸头小心吹吸混匀，置冰浴中保温 45 min。

2）将离心管置于 42℃ 恒温水浴中热处理 2 min。

3）加入 1 mL LB 液体培养基，于 37℃、150 r/min 振荡培养 1～2 h。

> **⚠ 操作规范与注意事项**
>
> 　　由于细菌细胞仍处于比较脆弱的感受态，因此，加入质粒 DNA 后不宜剧烈振荡，应小心吹吸混匀。
>
> 　　热激处理对重组 DNA 转化效率影响极大，要求对温度和时间进行比较准确的把握。
>
> 　　转化后培养是为了感受态细胞恢复完整细胞结构，不可省略。

（5）转化子检出

1）稀释涂布：将上述培养液梯度稀释至 10^{-2}，取原液、10^{-1} 和 10^{-2} 三个稀释度各 100 μL 分别涂布至 LB＋Kan＋IPTG（Kan 终浓度 50 μg/mL，IPTG 终浓度 0.1～1.0 mmol/L）固体平板上，每个稀释度涂布 2 只平板，同时取未经转化的细菌培养液 0.1 mL 涂布至 LB＋Kan＋IPTG 平板进行对照。

2）培养：将平板倒置于 37℃ 恒温培养箱中培养过夜。

3）检出：将平板置于紫外检测灯下直接照射，发绿色荧光的菌落为重组质粒 pET28a-*gfp* 形成的转化子，不发荧光的菌落即为空载质粒 pET28a 所形成的转化子。

五、实验内容与实验报告

采用冷 $CaCl_2$ 化学诱导法制备大肠杆菌表达宿主 *E. coli* BL21（DE3）感受态细胞，并用抽提的 pET28a 和 pET28a-*gfp* 质粒 DNA 转化大肠杆菌感受态细胞，观察并报告两种质粒转化结果，结合质粒抽提电泳检测结果对转化实验结果进行分析。

六、思考题

1）根据你的实验体会，大肠杆菌转化实验成功的关键是什么？

2）进行大肠杆菌转化实验为什么要制备感受态细胞？用什么方法可以获得大肠杆菌的感受态细胞？

3）进行大肠杆菌转化实验，为何要进行热激处理？热激处理需要注意哪些问题？

4）转化后培养的作用是什么？省略该步骤可能会出现什么后果？

5）pET28a 质粒有何特点？转化子检出固体培养基中加入卡那霉素和 IPTG 的作用分别是什么？

七、延伸学习

1）查阅资料，了解大肠杆菌其他诱导感受态的方法，如 Mg^{2+} 等其他二价阳离子诱导法、DMSO（二甲基亚砜）处理法等。比较各种方法的优缺点。

2）了解电转化、原生质体转化等其他转化方法的工作原理、一般操作步骤及应用等，并与化学诱导感受态转化法进行比较。

实验二十二
CRISPR 基因编辑技术敲除大肠杆菌基因

一、目的要求

1）学习并掌握 CRISPR 基因编辑技术敲除大肠杆菌基因的原理和方法。
2）掌握大肠杆菌电转化法的基本技术与操作步骤。

二、实验材料

（1）菌种　　大肠杆菌 E. coli W3110/pRedCas9（大肠杆菌野生型菌株，已转入 pRedCas9 质粒，该质粒具有壮观霉素抗性 Spe^r 标记，组成型表达 Cas9 蛋白、诱导表达 Red 重组系统），大肠杆菌 E. coli JM109。

（2）质粒　　pGRB（Amp^r，用于构建敲除 lacI 基因的重组质粒并表达 sgRNA）。

（3）引物　　本实验所用引物的序列及用途见表 22-1。

表 22-1　引物的序列及用途

名称	序列（5′→3′）	用途
Prime-1F	GTTTTAGAGCTAGAAATAGCAAGTTAA	扩增 pGRB 线性化质粒
Prime-1R	ATTATACCTAGGACTGAGC	扩增 pGRB 线性化质粒
Prime-2F	ATAATACCGCGCCACATAGC	重组 pGRB 验证引物
Prime-2R	ATGAGAAAGCGCCACGCT	重组 pGRB 验证引物
Prime-3F	CGGGCGACGTTTGCCGCTTCTG	扩增 lacI 上游同源臂
Prime-3R	TCACATTAATTGCGTTGCGCATTCACCACCCTGAATTG	扩增 lacI 上游同源臂
Prime-4F	GCGCAACGCAATTAATGTGAGTTAGCTCACTCATTA	扩增 lacI 下游同源臂
Prime-4R	GAGCGAGTAACAACCCGTCGG	扩增 lacI 下游同源臂

（4）培养基　　LB 液体培养基、LB 固体培养基（配方见附录二）。

（5）试剂及试剂盒　　市售 PCR 试剂盒、市售质粒小量抽提试剂盒、市售胶回收试剂盒、市售同源重组酶试剂盒，100 mg/mL 壮观霉素母液、200 mg/mL 氨苄霉素（Amp）母液、1 mol/L 阿拉伯糖（Ara）母液、1 mol/L IPTG 母液，琼脂糖，TAE 缓冲液、上样缓冲液，GoldView^{TM} 核酸染色剂（10 000×），DNA 分子量标准（DNA Marker）等。

（6）仪器　　恒温培养箱、恒温摇床、超净工作台、台式高速离心机、台式小型振荡仪、电转杯、电转仪、1.5 mL 和 50 mL 塑料离心管、微量移液器、吸头、制胶槽、胶膜、电泳槽、电泳仪、凝胶成像仪等。

三、实验原理

CRISPR-Cas 系统是在许多细菌和大多数古菌中发现的一种降解入侵噬菌体 DNA 或其他外源 DNA 的适应性免疫系统，目前已成为一种常用的基因编辑工具。该系统由簇状规则间隔短回文重复序列（clustered regularly interspaced short palindromic repeats，CRISPR）与其相关蛋白（CRISPR-associated proteins，Cas）共同构成。Cas 蛋白有多种类型，其中 Cas9 蛋白在基因编辑中最为常用。Cas9 蛋白含有两个核酸酶结构域，可以分别切割 DNA 两条单链。在细菌免疫过程中，Cas9 蛋白首先与 CRISPR 序列转录而成的 crRNA（CRISPR RNA）及 tracrRNA（*trans*-activating crRNA，反式激活 crRNA）结合成复合物，然后通过前间区序列邻近基序（protospacer adjacent motif，PAM）结合并侵入 DNA，形成 RNA-DNA 复合结构，进而对目的 DNA 双链进行切割，使 DNA 双链断裂（图 22-1）。在基因编辑技术中，通常将 crRNA 和 tracrRNA 组合为 sgRNA（small guide RNA，小向导 RNA）。

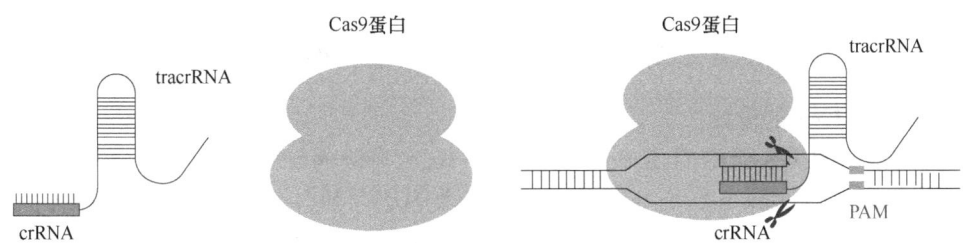

图 22-1 CRISPR 基因编辑技术工作原理

本实验采用双载体系统对大肠杆菌 *E. coli* W3110 的 *lacI* 基因进行敲除。该系统包括 pGRB 和 pRedCas9 两个质粒。其中 pGRB 质粒用于带 sgRNA 的 pGRB 重组质粒的构建，构建后的重组质粒含有用于基因敲除的 sgRNA 编码序列、Cas9 蛋白结合区域序列和氨苄青霉素抗性标记（Amp[r]）；pRedCas9 质粒包含 Cas9 蛋白表达系统、Red 重组酶表达系统、pGRB 消除系统和壮观霉素抗性标记（Spe[r]）。pGRB 质粒转录出相应的 sgRNA，与 pRedCas9 质粒编码合成的 Cas9 蛋白形成复合体并识别靶位点，使 Cas9 蛋白准确切割目的基因的双链 DNA 序列。同时，在 Red 重组酶的作用下，通过同源重组修复将目的 DNA 片段整合在基因组上，完成基因编辑（图 22-2）。

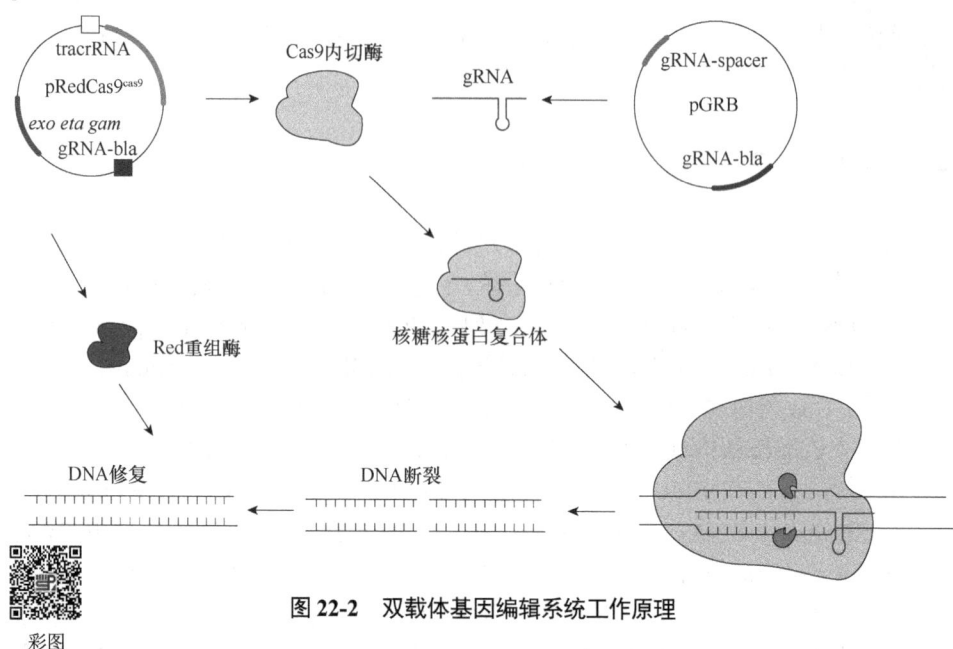

图 22-2　双载体基因编辑系统工作原理

四、实验操作步骤

（一）含 sgRNA 编码序列的 pGRB 重组质粒构建

1. sgRNA 的设计

以本实验需要敲除的 E. coli W3110 中 lacI 基因为设计靶点，通过在线网站（http://www.rgenome.net/cas-designer/）或根据靶基因序列自行选择和设计 sgRNA 的编码序列。输入 lacI 基因序列，选择物种 E. coli，点击提交，根据网站提供的分数选择合适序列。

2. 加同源臂及 sgRNA 编码序列单链 DNA 片段的合成

在 sgRNA 两端添加 15 bp 大小的 pGRB 质粒同源臂，设计合成 3 对反向互补的 sgRNA 编码序列单链 DNA 片段。

正向 1：cctaggtataatactagtGAATTACATTCCCAACCGCGgttttagagctagaaatagc

反向 1：gctatttctagctctaaaacCGCGGTTGGGAATGTAATTCactagtattataacctagg

正向 2：cctaggtataatactagtTGGCGTTGCCACCTCCAGTCgttttagagctagaaatagc

反向 2：gctatttctagctctaaaacGACTGGAGGTGGCAACGCCAactagtattataacctagg

正向 3：ctaggtataatactagtAGACGGTACGCGACTGGGCGgttttagagctagaaatagc

反向 3：gctatttctagctctaaaacCGCCCAGTCGCGTACCGTCTactagtattataacctag

其中大写部分为设计的 sgRNA 编码序列，小写部分为两端添加的 pGRB 质粒同源臂序列，序列方向均为 5′→3′。

3. sgRNA 编码序列双链 DNA 片段的制备

取上述单链引物各 10 μL 等体积混合,并按表 22-2 的反应程序进行退火,使其成为 sgRNA 编码序列双链 DNA 片段。

表 22-2 构建双链引物 DNA 退火程序

反应温度	反应时间	反应温度	反应时间
95℃	5 min	30℃	1 min
55℃	1 min	22℃	至结束

> ⚠ 操作规范与注意事项
>
> 为保证后续实验顺利进行,建议设计 3 对 sgRNA 编码序列。
> 进行生物信息学分析,在靶点基因内选择预测脱靶效应最低的序列用于设计 sgRNA 编码序列,并确保切割位点尽可能接近编辑位点,提高后续编辑效率。

4. pGRB 质粒 DNA 的线性化 PCR 扩增

采用引物 Prime-1F、Prime-1R,对 pGRB 质粒进行线性化 PCR 扩增。具体反应体系和反应程序分别见表 22-3 和表 22-4。

表 22-3 PCR 扩增线性化质粒体系

组分	添加量/μL
酶反应混合液*	25
双蒸水	24
Prime-1F	0.5
Prime-1R	0.5
pGRB 质粒模板	0.5

表 22-4 PCR 扩增线性化质粒反应程序

反应温度/℃	反应时间
95	5 min
95	30 s ⎫
55	30 s ⎬ 28 个循环
72	1 min ⎭
4	至结束

*酶反应混合液包括:dNTPs、缓冲液(含 Mg^{2+})、Taq DNA 聚合酶

5. pGRB 质粒 DNA 线性化 PCR 扩增产物的电泳检测与割胶回收

将上述 PCR 产物进行琼脂糖凝胶电泳(参考实验二十),验证大小后割胶回收,获得线性化 pGRB 质粒 DNA。割胶回收具体操作步骤及注意事项如下。

1)在紫外灯下,用刀片小心割下含 PCR 产物 DNA 的凝胶,切碎后放入 1.5 mL 无菌塑料离心管中,称取胶块重量。

2)向含有胶块的离心管中加入 1 倍体积的溶胶缓冲液(100 μL/100 μg 凝胶),置于 50~55℃水浴处理 7~10 min,每 2~3 min 颠倒混匀一次,直至胶块完全熔化。

3)将上述熔化好的胶液转移至 DNA 吸附柱,12 000 r/min 离心 1 min,使质粒结合于纯化柱上(如有需要,此步骤可进行多次,直至所有液体全部转移到 DNA

纯化柱上）。

4）弃废液，将 DNA 吸附柱重新放置于收集管中。往吸附柱中加入 300 μL 的溶胶缓冲液，室温静置 1 min，12 000 r/min 室温离心 1 min。

5）弃废液，将 DNA 吸附柱重新放置于收集管中。往吸附柱中加入 700 μL 的洗涤缓冲液（预先加无水乙醇），12 000 r/min 离心 1 min。弃废液，将 DNA 吸附柱重新放置于收集管中，然后再次将空柱 12 000 r/min 离心 2 min。

6）将 DNA 吸附柱转移至 1.5 ml 无菌塑料离心管上，加 20～30 μL 洗脱缓冲液于柱中央的膜上，室温下静置 2 min 后，12 000 r/min 离心 1 min 以洗脱 DNA，弃掉吸附柱，将 DNA 置于-20℃冰箱保藏备用。

> ⚠ 操作规范与注意事项
>
> 割胶时建议先用纸巾吸尽凝胶表面液体，尽量去除多余的凝胶并将凝胶切碎，以加速凝胶熔化。
>
> 熔胶时间可以根据凝胶大小进行适当调整，但必须确保凝胶块完全熔化。水浴期间颠倒混匀 2 或 3 次以加速熔胶。
>
> 洗涤缓冲液使用前需要按说明书要求加入一定体积的无水乙醇，并在瓶盖上作好记号，并在每次使用前进行检查。加入时可以沿吸附柱壁四周加入，或加入后颠倒混匀 2 或 3 次，以完全冲洗附着于管壁上的杂质。为确保杂质完全清除，不影响后续实验结果，可进行 2 次洗涤操作。回收大于 3 kb 的片段时可以将洗脱缓冲液置于 55℃水浴中进行预热。

6. 线性化 pGRB 质粒 DNA 与含 sgRNA 编码序列双链 DNA 片段重组连接

利用同源重组酶试剂盒，按表 22-5 所示的反应体系，55℃反应 20～40 min，构建含 sgRNA 编码序列的重组 pGRB 质粒。

表 22-5　同源重组酶反应体系

组分	添加量/μL	组分	添加量/μL
酶反应混合液*	5	pGRB 线性化质粒	1
sgRNA 编码序列双链 DNA 片段	1	双蒸水	3

*酶反应混合液包括重组酶和反应缓冲液

7. 转化与重组质粒 DNA 提取

用 10 μL 上述反应混合物转化 E. coli JM109 感受态细胞（具体实验操作参考实验二十一），涂布含 Amp 的 LB 琼脂培养基平板。挑取 10 个单菌落，采用引物 Prime-2F 和 Prime-2R 进行菌落 PCR（反应体系和反应程序与步骤 4 相同），并对 PCR 产物进行琼脂糖凝胶电泳。挑选正确的转化子至含 Amp 的 LB 液体培养基中，振荡培养后小量抽提重组 pGRB 质粒 DNA 备用（参考实验二十）。

> **⚠ 操作规范与注意事项**
>
> 线性化质粒载体和插入片段的最适使用量需要参照同源重组酶试剂盒说明书进行计算并调整。若计算得到的最适使用量超出对应使用量范围，则使用对应范围的极限值。重组体系各组分的加入体积最好≥1 μL。若投入体积<1 μL，可能因小体积取样不准确影响加入量的准确性，线性化质粒载体回收产物浓度高时可稀释使用。
>
> 由于本反应采用同源重组反应产物进行转化实验，其转化效率可能低于实验二十一采用提取的质粒 DNA 进行细菌转化，推荐将 10 μL 重组酶反应产物全部用于后续细菌转化，感受态细胞体积则采用 100 μL，即二者体积比为 1∶10。并将转化后培养的 1 mL 细菌培养液离心，用微量移液器吸掉多余的上清液，保留 100 μL 重悬，全部用于涂布药物平板。
>
> 由于不同厂家 pGRB 质粒抗药性标记可能不同，一定要确保使用的 LB 琼脂药物平板与转化载体抗药性标记保持一致。

（二）lacI 同源臂重组片段的构建

本实验以 Red 重组酶介导的同源重组修复实现 E. coli W3110 基因组中 lacI 基因的敲除，该方法需要通过重叠 PCR 的方法构建 lacI 同源臂重组片段，具体操作步骤如下。

1. lacI 基因上、下游同源臂的 PCR 扩增

以 E. coli W3110 基因组为模板，分别以 Prime-3F、Prime-3R 和 Prime-4F、Prime-4R 为引物，PCR 扩增长度 500 bp 的 lacI 基因上、下游同源臂（反应体系与反应程序同表 22-3 和表 22-4），并按前述方法对 PCR 产物进行琼脂糖凝胶电泳和割胶回收，获得 lacI 基因上、下游同源臂。

2. 重叠延伸 PCR 构建 lacI 同源臂重组片段

重叠延伸 PCR 分两步进行。先以表 22-6 和表 22-7 所示的反应体系和反应条件，在只加入 lacI 基因上、下游同源臂，不加入引物的情况下，利用二者序列之间的同源互补，互为引物和模板，进行 8~10 个循环的重叠延伸 PCR。然后，往反应体系中加入引物 Prime-3F 和 Prime-4R 各 1 μL，进行正常 PCR 扩增（反应条件不变），获得全长的 lacI 同源臂重组片段。琼脂糖凝胶电泳验证大小并按前述方法利用试剂盒进行割胶回收。

表 22-6 重叠延伸 PCR 扩增体系

组分	添加量/μL	组分	添加量/μL
酶反应混合液*	25	上游同源臂	2
双蒸水	20	下游同源臂	2

*酶反应混合液包括：dNTPs、缓冲液（含 Mg^{2+}）、Taq DNA 聚合酶

表 22-7　重叠延伸 PCR 扩增程序

反应温度/℃	反应时间
95	5 min
95	30 s ⎫
55	30 s ⎬ 8 个循环
72	1 min ⎭
4	至结束

> **⚠ 操作规范与注意事项**
>
> 　　重叠 PCR 能否成功，要点是重叠区片段能有效退火。因此要求重叠部分要有一定长度，并且注意 GC 含量，使其有一个合适的 T_m 值（如 65℃），而且重叠 PCR 循环所用的退火温度应低于该温度。建议同源臂重叠区长度为 15~20 bp，GC 含量 40%~60%。
>
> 　　重叠 PCR 退火温度也不能太低。否则，上下游同源臂的核酸单链有可能形成一定的空间结构，尤其是上下游同源臂比较长时。这种空间结构可能会对重叠区的退火造成影响，从而影响重叠 PCR 的成功率。

（三）lacI 基因的敲除

1）菌种活化。将大肠杆菌 E. coli W3110/pRedCas9 接入 10 mL 含 Spe 的 LB 液体培养基，30℃，150 r/min 振荡培养过夜。

2）翻接与培养。以 2% 的接种量转接至 50 mL 含 Spe 的 LB 培养基中，添加 IPTG（工作浓度 5 mmol/L）诱导 Cas9 蛋白表达，30℃，150 r/min 振荡培养。

3）甘油处理。至菌体浓度达到 OD_{600} 为 0.4~0.6 时，将菌液转移至 50 mL 塑料离心管，冰浴中静置 10 min。4℃，5000 r/min 冷冻离心 5 min；弃上清液后，菌体用冰浴中预冷的 10%（V/V）甘油离心洗涤 3 次；最终用预冷的 1 mL 10% 甘油重新悬浮，并按 80 μL/管分装至用 1.5 mL 塑料离心管中，−80℃ 超低温保藏备用。

4）电转化取其中一管，加入前述制备的 1 μL 重组 pGRB 质粒 DNA 和 4 μL lacI 同源臂重组片段，冰浴静置 10 min 后转移至已预冷的电转杯中，轻轻敲击电转杯，使混合物均匀进入电转杯的底部，打开电转仪，调节电压为 1.6 kV，将电转杯推入电转仪中，电击转化（具体操作参见电转仪说明书）。

5）后培养电转化结束后，向电转杯中迅速加入 800 μL 的 LB 液体培养基重悬细胞，并转移到 1.5 mL 的离心管中，30℃，150 r/min 振荡培养 1.5~2 h。

6）涂布平板取 100 μL 上述培养液涂布到 LB+Amp+Spe 琼脂平板上，剩余的培养液 10 000 r/min 离心 5 min，用微量移液器移去大部分液体，剩余 100 μL 重悬后全部涂布在另外一块 LB+Amp+Spe 琼脂平板上，置于 30℃ 恒温培养箱中培养过夜。

⚠ 操作规范与注意事项

为了制备较好的感受态细胞，培养完毕后一定要骤冷，使培养物在短时间内迅速冷却，并且后续离心操作也要保持低温。

电转化一般选取处于对数生长期的细胞。因为处于对数生长期的细胞分裂旺盛，利于电转化，且电转化后细胞膜的恢复能力强，利于转化细胞复苏。

电转化电压过低，不能增加膜的通透性或无法在膜上形成小孔；电压过高，细胞会受到不可逆的损伤，增加细胞的死亡率，不利于转化后的复苏。一般细菌电转化建议使用 1.5~2.5 kV。特别要注意，不同的电转杯，所使用的电压不同，需防止电压过高，击爆电转杯，产生危险。

电转杯使用后要及时按要求进行清洗。用蒸馏水冲洗 2 或 3 遍，然后用微量移液器吸取超纯水反复吹吸 10 遍以上。再加入无水乙醇浸泡 30 min。若长期不用，应将清洗好的电转杯浸泡在无水乙醇中。

（四）基因编辑质粒的消除

基因编辑成功后，如果用于基因编辑的质粒继续存在于菌体细胞中，会对菌种遗传稳定性的造成不利影响。因此，需要消除 sgRNA 和 Cas 质粒。

1. 菌落 PCR 验证

从 LB+Amp+Spe 琼脂平板上随机挑取 10 只单菌落，采用引物 Prime-3F 和 Prime-4R 进行菌落 PCR，琼脂糖凝胶电泳验证 PCR 片段大小，通过和原始 *lacI* 基因大小比较确定敲除结果。PCR 产物片段大小明显小于原始 *lacI* 基因大小的单菌落表示敲除成功。

2. 消除重组 pGRB 质粒

1）挑取确定 *lacI* 基因敲除成功的单菌落，接种至 10 mL 含有 Spe（工作浓度 100 μg/mL）和 Ara（工作浓度 5 mmol/L）的 LB 液体培养基中，30℃，150 r/min 振荡培养 12 h。

2）将菌液进行适度的梯度稀释涂布于 LB+Spe 琼脂平板上（或划线分离），30℃恒温培养 16~24 h。

3）待长出单菌落后分别在 LB+Amp 和 LB+Spe 琼脂平板上对应点种。在 LB+Spe 平板上生长，而 LB+Amp 平板上不生长的菌落，表明含 sgRNA 编码序列的重组 pGRB 质粒成功消除。

3. 消除 pRedCas 质粒

1）从 LB+Spe 琼脂平板上挑取成功消除重组 pGRB 质粒的单菌落接种到 10 mL LB 液体培养基，42℃，150 r/min 振荡培养过夜。

2）将培养液进行适度的梯度稀释涂布于 LB+Spe 琼脂平板上（或划线分离），

37℃恒温培养16～24 h。

3）待长出单菌落后分别在 LB+Spe 和 LB 琼脂平板上对应点种。在 LB 琼脂平板上生长，而 LB+Spe 平板上不生长的菌落，表明 pRedCas 质粒成功消除。

> ⚠ **操作规范与注意事项**
>
> pRedCas 质粒为温敏型质粒，因此含有该质粒或其他 pCas9 质粒的菌株培养温度均为 30℃，确认无需该质粒才可在 37℃及以上培养。

五、实验内容与实验报告

1）用所设计的 3 对 *lacI* 敲除 sgRNA 编码序列，分别构建重组 pGRB 质粒，并对 *lacI* 基因进行敲除。

2）报告每一步实验结果，并进行比较分析，总结影响实验结果的因素。

六、思考题

1）你觉得哪些因素可能影响基因敲除效果？

2）分析比较一般基因工程操作中所用的限制性核酸内切酶和 DNA 连接酶的酶切连接法和本实验所用的同源重组连接法构建重组质粒的优缺点及适用情况。

3）根据你的实验体会，影响重叠延伸 PCR 成功与否的因素有哪些？

4）构建 *lacI* 同源臂重组片段的意义是什么？不加入此片段能否通过其他修复机制实现 *lacI* 的基因敲除？

七、延伸学习

1）查阅资料，了解 sgRNA 的设计原理和方法，选择一个基因尝试自己预测设计 sgRNA 进行基因敲除。

2）了解 *lacI* 的调控机制及选择敲除 *lacI* 的原因及用途。

3）查阅资料，拓展了解 CRISPR 基因编辑技术在构建其他微生物底盘细胞中的应用。

附录一
无菌操作规范

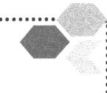

无菌操作是微生物学实验中最基本的操作技术,是微生物学实验过程中实现微生物纯培养,避免杂菌污染的基本保障,也是微生物学工作者必须掌握的最基本的实验技术。无菌操作规范的最基本理念在于操作者必须牢记"微生物几乎无处不在"这一微生物学最基本常识。实验过程中所使用的各种实验器材上、操作人员的手及其他可能接触微生物培养物或培养基的部位、实验环境的空气中及各种物品表面都分布有大量杂菌,如何尽量避免这些微生物在未经灭菌或除菌处理的情况下进入微生物培养基和纯培养物内部,就成为微生物学实验无菌操作规范所要达到的目标。为实现这一目标,微生物工作者通过过滤除菌、火焰灼烧灭菌、紫外线灭菌、化学消毒等各种方法,制造一个少菌,甚至无菌的操作环境;同时,通过减少气流扰动、加热管口或瓶口,对可能存在的杂菌进行热固定等操作细节,减少可能存在的杂菌进入微生物培养物的机会。而这些共同构成了微生物学实验的无菌操作规范。

(一)超净工作台使用操作步骤与规范

除非野外等缺乏超净工作台的特殊环境,或取菌制片观察等少数实验操作,大多数微生物学实验无菌操作均需要在超净工作台上进行。因此,首先介绍超净工作台操作规范。

1. 超净工作台使用操作的一般步骤

1)在使用超净工作之前 50~60 min 开机,同时打开工作台的紫外杀菌灯,对操作台进行杀菌处理。约 30 min 后,关闭紫外杀菌灯,开启日光灯,同时开启风机。

2)升起超净工作台前方隔板,将操作所需物品用搪瓷盘移至超净工作台上,并在放置至工作台面上之前用酒精棉球擦拭,对物品表面进行消毒。

3)用酒精棉球擦手,待手上酒精挥发后,点燃酒精灯。

4)在酒精灯火焰保护范围内进行无菌操作。

5)操作结束后,将操作所用物品重新放回搪瓷盘中,带出操作台。

6)放下隔板,关闭日光灯和风机,开启紫外杀菌灯,对操作台面进行杀菌消毒处理约 30 min。

2. 超净工作台使用规范及注意事项

1)对于新安装或长期未使用的超净工作台,使用前需先用真空吸尘器或不产纤维的工具对工作台台面进行除尘处理,并用酒精或其他化学消毒剂擦拭台面。

2)操作区内不得存放非操作必需物品,以避免工作区洁净气流流型受到干扰。同时,操作期间应避免明显扰动气流流型的动作。

3）为了避免超净工作台外的气流进入工作区域，对工作区洁净气流流型造成扰动或污染，当有人使用超净工作台时，工作台周边应避免人员走动。同时，在不影响操作的情况下，尽量控制超净工作台前隔板升起的高度，一般控制不超过其最大高度的1/2。

4）即使在超净工作台上进行无菌操作，也需要点燃酒精灯进行火焰保护。超净工作台只是尽可能减少了工作区域的杂菌数量，并无法保证工作区域达到彻底无菌状态，这点必须在使用超净工作台时牢记！同时，尽量使管口或瓶口背对或垂直于来风方向，而避免直接正对来风方向，这样可以减少污染机会。

5）酒精棉球擦手后，一定要等手上的酒精蒸发后再点燃酒精灯，以免手上还有酒精残余被点燃而烧伤自己。

6）如果由于操作不当造成菌液污染台面，则需先用酒精或其他化学消毒剂处理工作台面，然后再开启紫外杀菌灯对超净工作台进行杀菌。

7）根据环境洁净程度，需定期（最好2~4个月，一般不超过半年）将粗滤布取下清洗或联系专业人员更换。紫外杀菌灯管也需要定期用酒精或丙酮等有机溶剂擦拭干净，保持表面清洁以保障杀菌效果。

（二）斜面接种无菌操作规范

固体斜面是培养与保藏微生物菌株的常用方式，因此，有关斜面的无菌操作是微生物学实验中的常见操作，包括斜面取菌制片观察、斜面转接斜面、斜面转接液体试管或摇瓶、斜面取菌平板划线分离及平板菌落转接斜面等。虽然这些操作在细节上略有不同，但操作规范和注意事项大同小异。

现以斜面转接斜面为例，介绍其一般步骤及无菌操作规范。

1. 斜面转接操作步骤

1）按上述超净工作台操作规范，提前开启工作台并紫外杀菌。

2）升起超净工作台前方隔板，将菌种斜面和待接种的新鲜斜面及接种环用试管架移至超净工作台上，用酒精棉球擦拭菌种斜面和待接种斜面表面，进行消毒。

3）接种前，在待接种斜面距管口约 3 cm 处贴上标签，标明接种日期、菌种名称、培养基种类等。

4）用酒精棉球擦手，待手上酒精挥发后，点燃酒精灯。

5）分别取菌种斜面和待转接斜面各 1 支，将试管底部置于左手掌心处，两支试管置于中指两侧，使其呈"V"字形，并分别用食指和中指、无名指和中指夹住，斜面的正面朝上。

6）将接种环和整个接种针部在酒精灯火焰内外焰交界处烧红，并将需要进入试管的接种环金属棒部分在酒精灯火焰上边旋转边加热，接种环及接种棒在酒精灯火焰上来回通过数次。

7）用右手大拇指和中指轻轻转松两支试管的试管塞，然后分别用右手小拇指、无名指和掌根拔下试管塞，夹于无名指和小拇指及小拇指和掌根之间。然后将试管口在酒精灯火焰缓缓旋转进行加热。

8）将灼烧过的接种环伸入菌种管内，先将接种环轻触未长菌的斜面部位或菌种斜面内壁进行冷却，然后从斜面上部轻轻蘸取少量菌体细胞或孢子，并将接种环移出菌种斜面。

9）在酒精灯火焰保护下，迅速将沾有菌种的接种环伸入旁边的待接种斜面内，从斜面底部向上部做"之"字形或直线划线。

10）取出接种环，将试管口旋转通过酒精灯火焰，塞上试管塞并旋紧，将试管放回试管架上。

11）将接种环在酒精灯火焰上灼烧灭菌，放回原处。

12）盖灭酒精灯，将试管架上的新接种斜面移至培养箱内培养，并按上述超净工作台使用规范对工作台进行紫外杀菌。

2．斜面接种操作规范及注意事项

1）进行斜面无菌操作时，应使试管与工作台平行或管口略向下，在普通工作台上操作时尤其需要注意。这是因为空气中微生物受重力影响而垂直下降是其最主要的运动方式。如果在水平风超净工作台上进行操作，还应避免试管口朝向来风向。

2）酒精灯火焰灼烧接种环的目的是杀死环上的所有微生物，而灼烧接种棒和接种前后加热管口却不一定能将接种棒上和试管口内侧的所有微生物杀死，旋转加热还有热固定的作用。因此，在取菌和接种操作时，应避免接种棒与试管壁接触，目的是减少接种棒上可能存在的微生物进入试管内的机会。

3）在操作过程中，试管塞应一直夹在手上，勿将其放在操作台上，也不可整体攥在手心里，不要使进入试管内部的部分与操作人员的手掌或外界任何物品接触，以免造成污染。

4）从菌种斜面取菌时尽量从斜面上部开始，逐步向下进行取菌，这样会减少菌种斜面的污染机会。

5）取菌后的接种环在进入待接种斜面时不要通过酒精灯火焰上方以免杀死菌种，并且速度要快，不要让接种环在外界停留太久，以减少污染杂菌的机会，这也是将两支试管塞同时拔出的原因。虽然表面上看，同时拔出试管塞，两支斜面暴露于空气中的时间延长了，增加了染菌机会，但实际上，由于试管口可以一直在酒精灯火焰附近得到保护，而已经取菌的接种环却不能在酒精灯保护范围内停留太久，这样取菌后塞上菌种管塞子，再拔出待接种斜面试管塞，染菌风险反而增大。

6）接种操作时尽量不要划破斜面。一般原核微生物接种采用"之"字形划线，真核微生物多采用直线划线。

7）接种操作完成后，灼烧接种环时，应先在酒精灯外焰处或火焰上方预加热，再转移至内焰灼烧，这样可以避免接种环上残余的菌体爆燃对工作台造成污染。

8）其他斜面操作在无菌操作规范上与斜面转接几无差异，只是操作细节上略有不同。例如，斜面取菌进行涂片观察或平板划线分离时，由于左手中只有一支菌种斜面试管，因此不需要将试管置于掌心和食指两侧，只需将斜面正面向上固定于左手大拇指与食指的虎口中即可。而斜面转接液体试管或摇瓶时，需要将接种环在靠近液体培养基的容器内壁上轻轻摩擦，使蘸取的菌种散开，然后塞上塞子后再轻摇液体培养基，使菌体均匀分散于培养基中。此时，由于接种对象为液体培养基，可能无法像斜面转接时保持试管平行于台面，但在液体不至于流出容器的情况下，应尽量保持试管的水平，至少勿使试管或三角瓶直立。

（三）平板无菌操作规范

琼脂平板是分离、纯化和保藏微生物菌株的另一种常用的固体培养方式，平板无菌操作也是微生物学实验常见的操作，如琼脂平板制备、涂布平板、倾注平板、平板划线分离等。这些操作的步骤略有不同，但操作规范和注意事项差异不大，将合并介绍。

1. 倾注（倒）平板

1）超净工作台操作及接种前准备工作同前。

2）将包扎成圆筒状的灭菌培养皿从中间打开，取出培养皿倒置叠放于超净工作台上，一般叠放5或6只。

3）用记号笔于皿底标注培养基、菌种和稀释度等信息。

4）从45℃水浴中取出装有熔融琼脂培养基的三角瓶，右手大拇指与食指握住其底部，在酒精灯火焰保护下，用左手取下瓶塞，并交于右手无名指和小指或掌根处夹住。左手取一副培养皿，置于虎口中，用中指和无名指托住皿底，大拇指和食指轻轻打开皿盖，往培养皿中倾注15～20 mL培养基，将培养皿置于工作台上并轻轻旋转混匀，静置待凝。

2. 平板划线分离

1）用酒精灯火焰灼烧接种环，待其冷却后，按前述斜面无菌操作规范蘸取少许菌种。

2）在酒精灯火焰旁，将培养皿打开少许，用接种环在平板培养基上轻轻划线（约占平板1/4，记作Ⅰ区），然后灼烧接种环杀死其上的微生物，并旋转平板一定角度（80°～90°），待接种环冷却后，从Ⅰ区引出一条线，在Ⅱ区继续轻轻划线；同样方法，进行Ⅲ区和Ⅳ区划线。

3）将平板进行培养，即可得到单菌落。

3. 涂布平板

1）在酒精灯火焰旁，用无菌移液管或微量移液器吸取梯度稀释的菌悬液0.1 mL至制备好的琼脂平板上。

2）将涂布棒放于装有酒精的烧杯中，然后将其取出，于酒精灯上点燃进行灼烧灭菌。待冷却后，用涂布棒将样品均匀涂布至整个固体平板表面。

3）涂布结束后将涂布棒放回酒精中，以便进行下一次涂布操作。

4. 平板无菌操作规范及注意事项

1）进行平板无菌操作时，培养皿盖不要完全打开，在不影响操作的情况下，尽量保证皿盖能保护皿底平板几乎全部的区域，不使皿底中培养基直接暴露于空气中。同时，要将培养皿端平，不要将培养皿打开处对向上方或朝向来风。

2）无论倾注平板法对微生物进行计数或分离，还是制作空的琼脂平板，培养基的温度都不要太高，否则会杀死菌体或造成平板和皿盖上的冷凝水太多；温度太低则会造成培养基凝固而无法制作平板。一般以 45～50℃ 为宜。切勿因担心平板和皿盖上的冷凝水太多，而在超净工作台上直接打开培养基吹风冷却，切记超净工作台也不能保证工作区域彻底无菌。

3）将培养基倒入培养皿后，轻轻旋转培养皿，使培养基均匀覆盖培养皿底部即可，不可左右摇动或旋转幅度太大，以免培养基溅出培养皿，增大后续污染杂菌的可能性。

4）在静置待其凝固期间，尽量不要摇动或移动培养皿，以免造成形成的平板表面不平整，影响后续使用。

5）进行平板划线分离操作时，每划一个区要记住灼烧接种环杀菌，冷却后进行下一区划线。区之间除开始引向下一区的划线外不可发生交叉，并且不要划破平板，否则可能无法得到单菌落。

6）涂布平板时，切勿将装酒精的烧杯放置在酒精灯和操作人员之间，这样在灼烧涂布棒时，很容易由于操作不慎而引燃烧杯中的酒精。如果采用玻璃涂布棒，不鼓励将涂布棒在酒精灯火焰上直接进行灼烧，那样容易损毁涂布棒。

（四）液体试管无菌操作规范

液体试管无菌操作包括：液体试管接种、菌液的梯度稀释等。其无菌操作规范和注意事项与斜面无菌操作十分相似，在此只进行一些比较说明。

1）由于操作对象为液体，可能无法像斜面转接时保持试管平行于台面，但在液体不至于流出容器的情况下，应尽量保持试管的水平，至少勿使试管直立，以减少垂直降落的微生物造成污染的机会。

2）由于操作对象变为液体，主要操作工具也由接种环变为了无菌移液管或微量移液器。不再需要灼烧灭菌，但要确保移液管和移液器吸头在使用过程中无菌，如在使用前确保移液管或微量移液器吸头已进行灭菌；在使用无菌移液管时，使用前需检查在其上端是否塞有棉花；在使用过程中不要让无菌移液管进入菌液的前端部分或微量移液器吸头触碰操作人员身体部位或任何外界物品等。

3）有关梯度稀释中其他并不是无菌操作规范的注意事项，参见实验十一。

附录二
微生物学实验常用培养基

1. 营养肉汤（nutrient broth）液体培养基

牛肉膏 5 g，蛋白胨 10 g，NaCl 5 g，加水至 1000 mL，pH 7.2～7.4，0.1 MPa，30 min 高压蒸汽灭菌。

2. 营养琼脂（nutrient agar）培养基

牛肉膏 5 g，蛋白胨 10 g，NaCl 5 g，琼脂粉 15～20 g，加水至 1000 mL，pH 7.2～7.4，0.1 MPa，30 min 高压蒸汽灭菌。

3. LB（Luria-Bertani）液体培养基

胰蛋白胨 10 g，NaCl 10 g，酵母提取物 5 g，加蒸馏水至 1000 mL，pH 7.0～7.2，0.1 MPa，30 min 高压蒸汽灭菌。

4. LB（Luria-Bertani）固体培养基

胰蛋白胨 10 g，NaCl 10 g，酵母提取物 5 g，琼脂粉 15～20 g，加蒸馏水至 1000 mL，pH 7.0～7.2，0.1 MPa，30 min 高压蒸汽灭菌。

5. 醋酸钠琼脂培养基

葡萄糖 0.62 g，NaCl 0.62 g，胰蛋白胨 2.5 g，醋酸钠 5 g，琼脂粉 15～20 g，加蒸馏水至 1000 mL，pH 6.4～6.7，0.08 MPa，30 min 高压蒸汽灭菌。

6. YEPD 液体培养基

酵母提取物 5 g，蛋白胨 10 g，葡萄糖 20 g，加蒸馏水至 1000 mL，pH 6.0～6.5，0.08 MPa，30 min 高压蒸汽灭菌。

7. YEPD 固体培养基

酵母提取物 5 g，蛋白胨 10 g，葡萄糖 20 g，琼脂粉 15～20 g，加蒸馏水至 1000mL，pH 6.0～6.5，0.08 MPa，30 min 高压蒸汽灭菌。

8. RYEPD 固体培养基

酵母提取物 5 g，蛋白胨 10 g，葡萄糖 20 g，蔗糖 100 g，琼脂粉 15～20 g，加蒸馏水至 1000 mL，pH 6.0～6.5，0.08 MPa，30 min 高压蒸汽灭菌。

9. 麦芽汁培养基

取一定量的大麦芽，粉碎，加入相当于大麦芽质量 4 倍的 60℃ 热水，搅拌混匀后于 58～65℃ 水浴锅中糖化 3～4 h（糖化过程中需要不时搅拌），直至用碘液测定糖化液无蓝色反应为止。将糖化液用 4～6 层纱布过滤。若滤液混浊不清，可加入蛋清使其澄清。具体操作方法如下。

取一只鸡蛋打碎，取出蛋清盛于玻璃杯中，加水 20 mL，用玻璃棒搅拌调匀，直至出现泡沫为止。将调匀好的鸡蛋清倒入糖化液中，振荡或搅拌使其混合均匀。

一只鸡蛋的蛋清大约可供 1000 mL 麦芽汁培养基澄清之用。加热煮沸 15 min，冷却后用单层脱脂棉过滤。将滤液稀释到大约 10°Bx，pH 约为 6.5。

若制备固体培养基，在滤液中加入 1.5%～2%（m/V）琼脂粉。0.08 MPa，30 min 高压蒸汽灭菌。

10. 马铃薯葡萄糖琼脂（PDA）培养基

去皮马铃薯 200 g，葡萄糖 20 g，琼脂粉 15～20 g，加蒸馏水至 1000 mL，自然 pH，0.08 MPa，30 min 高压蒸汽灭菌。

将市售马铃薯洗净去皮，称取 200 g 切成小块，加水煮沸 20～30 min，趁热用双层纱布过滤，去除滤渣。滤液加入 15～20 g 琼脂粉，文火加热，并不时搅拌，以免糊底与溢出。待琼脂粉完全溶解后，再加入 20 g 葡萄糖，搅拌混匀，稍冷却补足蒸馏水至 1000 mL，分装、加塞、包扎，0.08 MPa，30 min 高压蒸汽灭菌。

11. 察氏（Czapek-Dox）琼脂培养基

$NaNO_3$ 2 g，K_2HPO_4 1 g，KCl 0.5 g，$MgSO_4·7H_2O$ 0.5 g，$FeSO_4·7H_2O$ 0.01 g，蔗糖 30 g，琼脂粉 15～20 g，加蒸馏水至 1000 mL，自然 pH（7.0～7.2），0.1 MPa，30 min 高压蒸汽灭菌。

12. 葡萄糖蛋白胨水培养基（用于 V-P 试验和甲基红试验）

蛋白胨 5 g，葡萄糖 5 g，K_2HPO_4 2 g，加蒸馏水至 1000 mL，pH 7.2，0.08 MPa，30 min 高压蒸汽灭菌。

13. 乳糖胆盐发酵管培养基

蛋白胨 20 g，猪胆盐 5 g，乳糖 10 g，1.6%（m/V）溴甲酚紫乙醇溶液 0.6 mL，加蒸馏水至 1000 mL，pH 7.4，0.08 MPa，30 min 高压蒸汽灭菌。

将蛋白胨、猪胆盐及乳糖加热溶解于蒸馏水中，冷却后补充蒸馏水至 1000 mL，调 pH 7.4，然后加 1.6%（m/V）溴甲酚紫乙醇溶液 0.6 mL，混匀后分装于试管中，每管 10 mL，试管中预先放置一倒置的小试管（杜氏小管），即成乳糖胆盐单料发酵管。包扎后 0.08 MPa，30 min 高压蒸汽灭菌。

乳糖胆盐双料发酵管中的培养基也按上述配方配制，只是最后补充蒸馏水至 500 mL，而不是 1000 mL。

若采用商品化乳糖胆盐发酵管培养基，只需按说明书称取一定量的培养基，加入适量蒸馏水，加热溶解，冷却后补充蒸馏水至 1000 mL，混匀后分装试管即可。

14. 伊红美蓝（EMB）琼脂培养基

蛋白胨 10 g，乳糖 10 g，K_2HPO_4 2 g，2%（m/V）伊红水溶液 20 mL，0.5%（m/V）美蓝水溶液 10 mL，琼脂粉 15～20 g，加蒸馏水至 1000 mL，pH 7.2～7.4，0.08 MPa，30 min 高压蒸汽灭菌。

其中 2%伊红水溶液和 0.5%美蓝水溶液单独灭菌，待其他成分灭菌后冷却至 60℃左右无菌操作加入。

如采用商品化的伊红美蓝琼脂培养基进行配制，按照说明书称取一定量的培养基，加入适量蒸馏水，加热溶解，稍微冷却后补充蒸馏水至 1000 mL，分装灭菌即可。

15. 酵母菌无氮基础培养基

葡萄糖 20 g，K_2HPO_4 1 g，$MgSO_4·7H_2O$ 0.5 g，酵母菌提取物 0.1 g，水洗琼脂 15～20 g，加无氨蒸馏水至 1000 mL，pH6.5，0.08 MPa，30 min 高压蒸汽灭菌。

利用此培养基测定酵母菌对氮源的利用时，需要分别加入 5 g/L 的各种待测氮源。

16. 酵母菌碳源利用基础培养基

$(NH_4)_2SO_4$ 5 g，K_2HPO_4 1 g，NaCl 0.1 g，$MgSO_4·7H_2O$ 0.5 g，$CaCl_2$ 0.1 g，酵母菌提取物 0.2 g，加蒸馏水至 1000 mL，pH6.5，0.1 MPa，30 min 高压蒸汽灭菌。

利用此培养基测定酵母菌对各种糖的发酵能力时，需要分别加入 20 g/L 的各种待测糖类。